河北省肉牛产业经济研究

（2019—2020年）

HEBEI SHENG ROUNIU CHANYE JINGJI YANJIU

赵慧峰 马长海 高 彦 王秀芳 崔 姹 等 著

中国农业出版社

北 京

前　言

　　肉牛产业是畜牧业的重要组成部分，对促进国民经济发展、资源有效利用以及居民膳食结构改善都发挥着重要作用。随着社会经济发展和居民生活水平提高，消费者对牛肉需求保持增长态势，肉牛产业将是未来畜牧业发展的重要方向。河北省是养牛大省，是我国肉牛主产区之一，有着悠久的发展历史和丰富的养殖经验。2020 年河北省肉牛年末存栏 222.5 万头，出栏 335.2 万头，牛肉产量 55.6 万吨。肉牛出栏量一直居于全国前三位，规模化生产比重不断提高，产业发展有着良好势头。京津冀协同发展和雄安新区建设的不断推进，以及居民牛肉消费习惯的逐步形成，必然为河北肉牛产业发展提供更加广阔的机遇和空间。

　　新冠肺炎疫情和中美双方签署的《中华人民共和国政府和美利坚合众国政府经济贸易协议》（2020 年 1 月 15 日）给肉牛产业发展带来了更大挑战和不确定性。新冠肺炎疫情使肉牛产业的产业结构、地区结构以及产业布局重新调整，催生了新的产业和业态。为防止疫情输入，各国都主动限制了肉牛、牛肉、饲料粮等商品的进出口，使得本来就供给不足的中国肉牛产业雪上加霜。疫情过后，河北乃至全国如何应对来自国外肉牛进口冲击是我们必须面临的现实问题。预测并研判疫情过后的河北肉牛产业发展形势，并主动做出前瞻性的预防性对策就显得尤为必要。

　　本书是河北省现代农业产业技术体系肉牛产业创新团队产业经济岗的研究成果，在河北省农业农村厅的领导下，在畜牧产业处的指导下，产业经济岗在对 2019 年和 2020 年河北省肉牛产业全面调研的基础上，紧紧围绕河北省肉牛产业高质量发展重大问题和制约瓶颈进行研究，在各岗位专家和试验站长的共同努力下，每季度开展一次产业形势分析，建立起常态化市场分析预警机制，提高了产业分析决策水平，增强了产业抗风险能力。产业经济岗还围绕肉牛产业发展模式、养殖成本收益分析、肉牛与饲料粮进口、产业扶贫及新冠病毒疫情的影响等多方面热点问题进行了深入研究，形成了系列专题研究报告。在研究过程中，河北省"三农"问题研究中心（河北新型智库）、河北省"三农"

问题研究基地、现代农业发展研究中心、河北省农业经济发展战略研究基地和河北省农业农村经济协同创新中心组织专家对各章内容进行了论证，并给予了项目资助，在此表示感谢。

本书由赵慧峰负责全书的内容设计和组织工作，赵慧峰、马长海对全书进行了统稿和审定，全书共包括十一个专题，各专题具体分工如下：专题一：高彦、马长海；专题二：王秀芳、崔姹、张丹璇；专题三：高彦、刘璞；专题四：马长海、任青松、刘梦岩；专题五：崔姹；专题六：崔姹；专题七：赵慧峰、杨雨芳；专题八：第一节：赵慧峰、王秀芳，第二节：马长海、薛永杰，第三节：高彦、闫金玲、薛永杰，第四节：王秀芳；专题九：赵慧峰、杨柏（华北电力大学）；专题十：马长海、崔姹；专题十一：高彦。作者单位除注明外皆为河北农业大学。

由于作者学术水平所限，很多地方的研究浅尝辄止，不足之处有待今后完善，欢迎同行专家学者不吝赐教。

著　者

2021年夏于保定

目　　录

专题一：河北省肉牛产业经济发展报告（2019—2020年）

肉牛产业是我国畜牧业的重要组成部分，对促进国民经济发展、资源有效利用及居民膳食结构改善等都发挥着积极作用。随着居民生活水平提高和消费习惯改变，消费者对动物蛋白来源的肉类及其制品更加青睐，特别是对牛肉的需求明显上升。2015年农业部印发了《关于促进草食畜牧业加快发展的指导意见》，目的是通过优化农业种植结构，转变农业发展方式，促进粮经饲三元种植结构协调发展，形成粮草兼顾、农牧结合、循环发展的新型种养结构。2016年国家首次制定并发布实施的《全国草食畜牧业发展规划（2016—2020年）》强调，发展肉牛产业等草食畜牧业是国家建设现代畜牧业的重要内容。2017年全球牛肉总产量为6 000多万吨，人均占有9.30千克，牛肉需求量仅次于猪肉居第二位，世界牛肉产量最多的国家依次为美国、巴西和中国，人均占有量最多的国家分别是澳大利亚、阿根廷、美国和加拿大。我国作为世界第三大牛肉生产国，牛肉生产和消费市场较大。河北省是我国肉牛的主产区之一。本专题深入分析河北省肉牛产业发展中存在的问题，以期探索进一步推进河北省肉牛产业健康发展之策。

一、河北省肉牛产业发展基本状况

河北省是全国养牛大省，2019年年底，肉牛存栏203.1万头，相比2018年增长1.9%；2019年河北省肉牛出栏349.1万头，比2018年增加1.0%；2019年河北省牛肉产量57.2万吨，比2018年增加1.3%。肉牛品种主要以西门塔尔、夏洛莱和利木赞等大型肉牛杂交品种为主，还有一些淘汰奶牛、本地黄牛和牦牛。全省拥有2家国家级肉牛核心育种场，共存栏西门塔尔核心群690头，其中纯种西门塔尔牛662头，占牛群总数的95.94%。拥有3个种公牛站，共计存栏242头，其中安格斯存栏107头，占44.21%、比利时蓝白花27头，占11.16%，年产肉牛冻精288.5万剂。

（一）河北省肉牛生产情况

1. 种肉牛场和种公牛站情况

（1）种肉牛场发展情况。河北省种肉牛场数量较少，自 2008 年以来，最多的年份是 2010 年达到了 6 个种牛场，大部分的年份只有 2～3 个，先进省份一般多达 30～40 个，而且这种状况一直没有明显改观。2017 年统计数据显示，河北省肉牛场数排在并列全国倒数第七位（表 1-1）。

表 1-1　河北省及主要省份种肉牛场统计表

单位：个

年份	2008	2009	2010	2011	2012	2013	2014	2015	2016	2017
全国总计	139	136	158	159	159	190	220	214	280	225
甘肃	12	10	18	19	21	27	34	34	38	35
内蒙古	6	8	10	20	18	23	27	25	34	35
湖南	20	21	18	8	9	13	15	13	14	15
山东	13	13	15	16	16	17	18	14	10	12
四川	1	1	5	3	6	16	15	14	15	12
湖北	5	6	6	7	10	14	14	14	15	9
河北	2	3	6	2	3	3	3	4	2	2

数据来源：《中国畜牧业统计 2008—2017》。

河北省种肉牛场数量少的现状导致河北省种肉牛存栏量也较少，2017 年只有 1 485 头，排在全国倒数第十二位（表 1-2）。同样，能繁母牛数量也较少。2017 年只有 968 头，在全国排倒数第十三位（表 1-3）。

表 1-2　河北省及主要省份种肉牛场年末存栏量统计表

单位：头

年份	2008	2009	2010	2011	2012	2013	2014	2015	2016	2017
全国总计	45 122	49 053	74 524	86 837	94 303	111 438	140 789	146 540	167 016	144 176
甘肃	7 076	6 905	10 785	10 492	13 285	13 428	17 624	23 859	28 687	22 856
内蒙古	4 786	8 935	11 085	20 823	14 131	14 916	21 673	21 374	18 851	21 032
陕西	3 552	3 545	2 996	7 984	6 814	6 946	17 253	15 309	14 728	12 306
吉林	8 344	8 935	9 992	10 480	10 273	11 218	10 228	3 070	9 219	9 342
湖北	2 349	1 503	1 881	2 487	4 030	7 357	9 333	9 354	9 724	6 566
湖南	1 982	2 764	2 602	4 839	5 041	8 758	6 421	6 542	7 007	6 644
河北	860	1 390	8 245	850	1 442	1 573	2 675	1 826	1 409	1 485

数据来源：《中国畜牧业统计 2008—2017》。

表 1-3　河北省及主要省份种肉牛场能繁母牛存栏统计表

单位：头

年份	2008	2009	2010	2011	2012	2013	2014	2015	2016	2017
全国总计	26 565	29 361	42 097	50 763	53 571	65 923	79 167	90 565	100 094	86 353
甘肃	1 172	1 649	3 597	4 817	5 711	6 593	8 666	13 960	18 678	12 033
内蒙古	3 811	6 223	8 667	13 497	9 385	11 051	14 324	14 551	13 637	15 870
新疆	0	0	650	1 511	1 912	2 169	5 880	10 685	8 624	9 678
吉林	5 473	5 756	6 190	6 318	6 263	6 660	5 240	2 320	6 210	4 924
河北	400	1 127	7 506	430	837	480	1 630	1 109	949	968

数据来源：《中国畜牧业统计 2008—2017》。

河北省当年出场的种牛数自 2008 年以来变化幅度较大。自 2010 年以来基本是隔年有出场种牛，而且各年出场数量差异较大。但是总体上，河北省在全国种牛出场数明显处于落后状态。2017 年出场的种牛数只有 21 头（表 1-4），排在全国倒数第八位。即使在出栏最多的 2014 年，也仅仅排在全国第 11 位。

表 1-4　河北省及主要省份种肉牛场当年出场种牛数统计表

单位：头

年份	2008	2009	2010	2011	2012	2013	2014	2015	2016	2017
全国总计	11 522	15 313	16 078	17 578	19 085	19 898	22 088	242 200	28 522	23 216
甘肃	673	5 152	5 388	1 811	2 267	2 307	2 749	4 888	6 190	4 219
内蒙古	2 804	1 645	2 249	4 185	3 828	3 576	5 017	6 162	4 838	5 730
湖北	1 027	607	922	870	1 088	2 044	2 067	2 503	2 731	1 797
湖南	669	1 128	1 067	1 200	1 340	2 068	1 510	1 995	2 013	1 998
云南	73	196	251	263	443	544	651	972	1 547	1 492
吉林	2 333	2 313	2 425	2 436	2 780	2 950	2 220	400	1 683	1 453
河北	140	23	115	0	59	0	580	0	196	21

数据来源：《中国畜牧业统计 2008—2017》。

然而，河北省种肉牛场当年生产胚胎数却在全国名列前茅。自 2012 年开始，当年生产胚胎数一直保持在全国前三水平（表 1-5）。

表 1-5　河北省及主要省份种肉牛场当年生产胚胎数统计表

单位：枚

年份	2008	2009	2010	2011	2012	2013	2014	2015	2016	2017
全国总计	683 393	55 204	49 584	12 456	12 669	13 021	13 092	19 874	20 929	21 304
海南	0	0	0	135	0	0	0	8 600	8 523	8 612

（续）

年份	2008	2009	2010	2011	2012	2013	2014	2015	2016	2017
湖南	2 538	3 451	3 671	4 132	4 470	5 507	4 885	6 125	6 674	6 895
河北	70	0	0	0	1 373	3 528	3 580	792	2 053	2 219
贵州	0	0	0	279	267	0	293	394	1 399	1 324

数据来源：《中国畜牧业统计 2008—2017》。

（2）种公牛站发展情况。河北省种公牛站数比较稳定，自 2008 年以来一直保持在 2～3 个。除了在 2015 年，湖北和重庆比较特殊，出现突然陡增外，其他年份，河北省种公牛站数在全国位居第二、三位（表 1-6）。

表 1-6 河北省及主要省份种公牛站数

单位：个

年份	2008	2009	2010	2011	2012	2013	2014	2015	2016	2017
全国总计	51	62	84	45	39	34	33	70	45	40
内蒙古	2	3	5	5	5	5	5	6	5	5
吉林	0	0	2	2	2	2	2	2	4	4
河南	3	4	4	4	3	3	3	2	4	4
山东	8	10	19	3	3	3	3	4	3	3
河北	4	2	2	2	2	2	2	2	3	3
云南	2	2	2	2	2	2	2	2	2	2
辽宁	1	1	1	1	1	1	2	2	2	2
陕西	1	1	1	1	1	0	1	1	2	2

数据来源：《中国畜牧业统计 2008—2017》。

虽然河北省种公牛站在全国范围来看位居前列，但由于每个种公牛站饲养规模较小，因此种公牛站年末存栏数并不多。2017 年只有 305 头，仅仅位居全国第六位（表 1-7）。2019 年种公牛共计存栏 242 头，其中安格斯存栏 107 头，占 44.21%、比利时蓝白花 27 头，占 11.16%，（图 1-1）。

表 1-7 河北省及主要省份种公牛站年末存栏数

单位：头

年份	2008	2009	2010	2011	2012	2013	2014	2015	2016	2017
全国总计	1 731	1 937	5 772	2 318	2 568	2 921	2 915	4 744	5 496	4 235
北京	0	0	176	190	186	0	0	1 046	980	960
河南	144	307	419	355	323	35	457	240	655	416
内蒙古	150	210	236	346	369	404	456	474	443	408

（续）

年份	2008	2009	2010	2011	2012	2013	2014	2015	2016	2017
吉林	0	0	110	120	143	152	150	149	386	355
山东	43	36	259	39	39	367	311	511	359	355
辽宁	75	88	75	85	62	61	135	170	182	184
河北	198	123	109	122	134	89	101	120	274	305

数据来源：《中国畜牧业统计 2008—2017》。

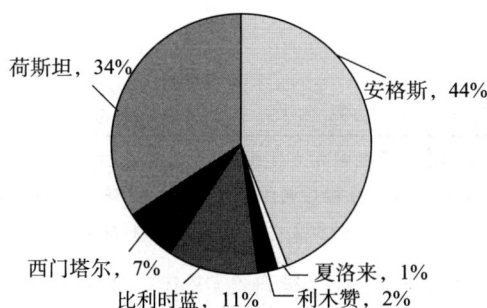

图 1-1   2019 年河北省种公牛站存栏及品种比例

同样受到饲养规模的限制，河北省种公牛站生产的精液也不是很多。2017年只有 289 万份，位居全国第五位。（表 1-8）

表 1-8   河北省及主要省份种公牛站当年生产精液统计表

单位：万份

年份	2008	2009	2010	2011	2012	2013	2014	2015	2016	2017
全国总计	39.83	1 615.04	1 820.24	1 833.98	1 735.82	2 355.77	2 032.87	2 399.17	3 127.5	2 744.9
河南	0	485	272.02	323.52	188.63	200.82	195.55	288	525	442.2
吉林	0.4	0	94.6	66	156.1	176.4	173.81	172.8	454.2	400.3
内蒙古	0	13.02	100.02	151.01	171.02	231.6	351.55	348.75	353.2	361.7
北京	0	0	200	220	219	0	0	318.87	309.7	309.9
河北	0	260	210	170	160	148	135	135.6	291.2	289

数据来源：《中国畜牧业统计 2008—2017》。

从河北省种公牛站年末存栏与当年生产精液的相互关系不难看出，增加精液生产，必须增加种公牛饲养，当然在种公牛站规模适度的前提下，必须增加种公牛站数量。

2. 肉牛存栏和出栏情况

（1）河北省存、出栏总体情况及在全国地位。 河北省肉牛年末存栏自

2008 年以来先降后升，2013 年达到最低值，随后有一定程度的增加。从 2013 年的 153.1 万头，增加到 2019 年的 203.1 万头（表 1-9），增长了 32.66％，平均年增长 5.4％。存栏量居全国第十六位，占全国总存栏比重的 2.9％。由 2016 年至 2019 年的数据可以看出，河北省肉牛存栏量占全国的份额为 2％～3％，属较低水平。

表 1-9　河北及全国肉牛存栏量统计表（2008—2019 年）

单位：万头

年份	2008	2009	2010	2011	2012	2013	2014	2015	2016	2017	2018	2019
全国总计									6 181	6 617.9	6 618.4	6 998.0
河北	210.8	174.4	157.8	154.5	155.0	153.1	158.8	171.8	174.9	196.4	199.3	203.1

数据来源：2016—2018 年全国数据来自《中国农村统计年鉴 2019》，国家统计局对 2008—2015 年牛存栏量进行了调整，但未发现肉牛存栏量数据。2008—2017 年河北数据来自河北省畜牧兽医局，2018 年数据来自河北省农调队，2019 年数据来自《中国农村统计年鉴 2020》。

相对于存栏量，河北省的出栏量自 2008 年以来一直名列前茅，保持 320～370 万头，始终排在全国第 3～4 位（表 1-10）。2019 年河北省肉牛出栏 349.1 万头，较上一年增长 1％，出栏量居全国第二位，仅次于内蒙古，占全国出栏总量的 7.7％。河北省肉牛出栏量变化幅度小，非常稳定。从河北省肉牛出栏量和年末存栏量的关系可以看出，河北省在肉牛养殖模式上是以购买架子牛育肥为主。2019 年全国平均肉牛出栏与年末存栏之比为 0.65，而 2019 年河北省肉牛出栏与年末存栏之比高达 1.72。这与河北省本地养殖习惯、饲料秸秆资源丰富、育肥屠宰的生产模式等多种因素有关。

表 1-10　河北及全国肉牛出栏量统计表（2008—2019 年）

单位：万头

年份	2008	2009	2010	2011	2012	2013	2014	2015	2016	2017	2018	2019
全国总计	4 243.1	4 292.3	4 318.3	4 200.6	4 219.3	4 189.9	4 200.4	4 211.4	4 265.0	4 340.3	4 397.5	4 533.9
河北	354.1	344.3	361.2	339.0	340.3	325.3	320.6	325.4	331.9	340.5	345.6	349.1

数据来源：全国数据来自国家统计局网站。2008—2017 年河北数据来自河北省畜牧兽医局，2018 年数据来自河北省农调队，2019 年数据来自中国农村统计年鉴 2020。

（2）河北省各市存栏、出栏情况。河北省肉牛养殖区域分布总体上比较均衡。从 2013—2017 年的统计数据看，承德市、唐山市肉牛出栏量始终排在前两位。石家庄和张家口紧随其后。定州市、辛集市排在最后两位（表 1-11）。2019 年河北省肉牛存栏前三位为承德、唐山和张家口（图 1-2）。

表 1-11　河北省各市肉牛出栏统计表（2013—2017 年）

单位：万头

年份	石家庄	唐山	秦皇岛	邯郸	邢台	保定	张家口	承德	沧州	廊坊	衡水	定州	辛集
2013	39.15	45.35	12.50	19.41	15.72	22.79	33.37	45.96	30.83	28.39	22.74	6.44	2.60
2014	37.19	45.58	12.56	19.01	16.36	23.64	35.29	44.72	26.52	27.97	22.23	6.93	2.62
2015	36.83	45.47	12.48	18.96	16.91	24.23	35.66	49.60	25.68	26.75	21.89	8.22	2.74
2016	37.26	46.46	11.08	19.65	17.37	26.66	38.18	57.91	19.20	24.16	22.49	8.36	3.15
2017	46.66	49.89	10.93	24.19	17.69	24.49	41.79	59.59	18.50	14.88	24.17	5.00	2.71

数据来源：河北省畜牧兽医局（农调调整后的数据）。

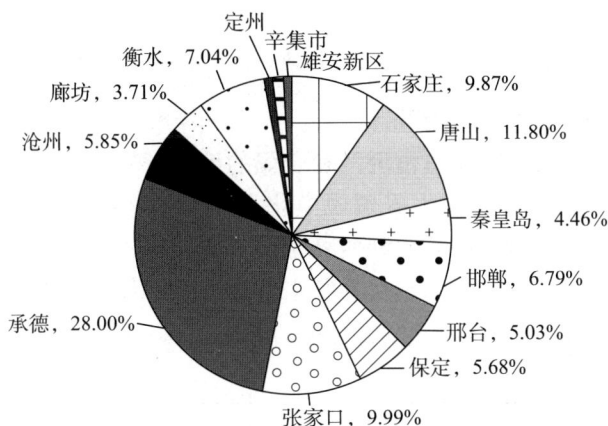

图 1-2　2019 年河北省各市肉牛存栏占比（％）

从 2014—2016 年河北省各市肉牛存栏量统计数据看，承德市始终排在第一位，2014 年沧州排在第二位，但沧州市自 2015 年肉牛存栏量下滑严重（表 1-12）。石家庄、唐山、衡水、邯郸肉牛存栏量基本处于第二至六位。但与承德市肉牛存栏量差距较大。秦皇岛市、邢台市、保定市、廊坊市存栏量相对都较低。2019 年出栏数据表明承德市、石家庄市、唐山市、张家口市属于河北省肉牛养殖强市大市（图 1-3），养殖的重点在于购入架子牛育肥。

表 1-12　河北省各市肉牛（含役用牛）存栏统计表（2014—2016 年）

单位：万头

年份	石家庄	唐山	秦皇岛	邯郸	邢台	保定	张家口	承德	沧州	廊坊	衡水	定州	辛集
2014	36.24	34.15	16.75	30.97	18.08	16.75	20.68	66.08	45.04	25.88	32.22	0.17	0.18
2015	36.24	29.01	14.03	29.32	17.90	16.69	18.55	66.18	39.64	22.38	31.59	0.10	0.18
2016	33.60	31.63	11.76	28.33	16.52	16.15	16.04	68.82	25.70	16.38	28.72	0.10	0.18

数据来源：《河北农村统计年鉴 2016—2017》（河北农村统计年鉴 2018 年只有各市牛存栏数据）国家统计局对 2008 至 2017 年数据进行了调整。这些数据具有部分参考意义。

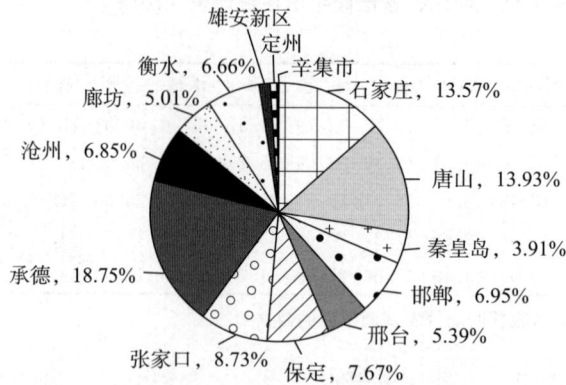

图 1-3　2019 年河北省各地区肉牛出栏占比（%）

3. 河北省肉牛规模养殖情况

（1）河北省规模养殖总体情况及在全国的地位。从全国不同省份规模化养殖程度看，2017 年河北省肉牛养殖规模化程度处于全国中等偏上水平。除了上海这一特殊区域没有肉牛养殖和西藏全部为散养外，北京市和天津市两个直辖市受特殊区域的限制，其规模化养殖水平远远高于其他省市（表 1-13）。

表 1-13　2017 年各省不同规模肉牛养殖场所占比例

单位：%

规模	年出栏 1～9 头场（户）占比	年出栏 10～49 头场（户）占比	年出栏 50～99 头场（户）占比	年出栏 100～499 头场（户）占比	年出栏 500～999 头场（户）占比	年出栏 1 000 头以上场（户）占比	规模养殖场占比
全国总计	95.39	3.79	0.60	0.20	0.03	0.01	4.61
北京	36.48	49.95	13.61	5.19	0.74	0.83	63.52
天津	33.73	53.66	14.08	5.41	0.55	0.13	66.27
河北	92.74	6.67	0.39	0.19	0.03	0.01	7.26
山西	91.16	7.41	1.02	0.41	0.04	0.02	8.84
内蒙古	83.24	13.73	2.70	0.58	0.10	0.02	16.76
辽宁	82.53	14.90	1.88	0.88	0.07	0.01	17.47
吉林	85.84	11.78	1.89	0.60	0.09	0.03	14.16
黑龙江	82.38	14.03	3.35	0.61	0.08	0.03	17.62
上海	0.00	0.00	0.00	0.00	0.00	0.00	0.00
江苏	90.01	7.98	1.33	0.50	0.26	0.04	9.99

（续）

规模	年出栏 1~9头场 （户） 占比	年出栏 10~49头 场（户） 占比	年出栏 50~99头 场（户） 占比	年出栏 100~499头 场（户） 占比	年出栏 500~999头 场（户） 占比	年出栏 1 000头以 上场（户） 占比	规模 养殖场 占比
浙江	96.47	2.86	0.48	0.18	0.01	0.00	3.53
安徽	95.88	3.13	0.59	0.36	0.04	0.01	4.12
福建	99.68	0.29	0.02	0.01	0.00	0.00	0.32
江西	97.70	1.86	0.32	0.10	0.02	0.00	2.30
山东	90.53	7.41	1.49	0.58	0.07	0.03	9.47
河南	97.31	2.18	0.28	0.19	0.03	0.01	2.69
湖北	95.18	3.79	0.51	0.45	0.06	0.03	4.82
湖南	94.82	4.36	0.71	0.13	0.01	0.00	5.18
广东	98.45	1.30	0.18	0.07	0.00	0.00	1.55
广西	98.97	0.91	0.09	0.03	0.00	0.00	1.03
海南	97.78	1.90	0.28	0.05	0.00	0.00	2.22
重庆	96.15	3.39	0.34	0.12	0.01	0.00	3.85
四川	96.82	2.52	0.48	0.18	0.02	0.00	3.18
贵州	98.37	1.38	0.20	0.05	0.00	0.00	1.63
云南	98.79	1.03	0.14	0.04	0.00	0.00	1.21
西藏	96.82	2.95	0.18	0.04	0.00	0.01	3.18
陕西	96.67	2.67	0.49	0.16	0.02	0.00	3.33
甘肃	96.50	2.82	0.47	0.16	0.04	0.01	3.50
青海	92.60	5.71	1.35	0.35	0.04	0.02	7.40
宁夏	93.63	5.77	0.42	0.17	0.02	0.01	6.37
新疆	91.47	6.92	1.23	0.40	0.04	0.03	8.53

数据来源：《中国畜牧业统计2017》。

自2008年以来，河北省肉牛养殖规模经过震荡调整和反复。2009年河北省肉牛规模化养殖场户数占比达到7.58%，经过几年的下降后，到2017年河北省肉牛规模化养殖场户数又下降到7.48%（表1-14）。

表 1-14   2008—2017 年河北省不同规模肉牛养殖场所占比例

单位：%

年份	年出栏1～9头场（户）占比	年出栏10～49头场（户）占比	年出栏50～99头场（户）占比	年出栏100～499头场（户）占比	年出栏500～999头场（户）占比	年出栏1 000头以上场（户）占比	散户占比	规模养殖场占比
2008	93.405 9	5.790 1	0.727 9	0.107 2	0.008 6	0.002 5	93.41	6.59
2009	92.423 6	6.697 2	0.773 0	0.143 6	0.011 2	0.003 3	92.42	7.58
2010	92.485 2	6.625 4	0.754 6	0.163 4	0.016 9	0.004 3	92.49	7.51
2011	92.839 4	6.294 8	0.711 1	0.170 5	0.021 9	0.007 1	92.84	7.16
2012	93.801 9	5.458 1	0.522 4	0.202 6	0.028 8	0.014 6	93.80	6.20
2013	95.422 1	3.821 8	0.561 6	0.175 3	0.027 5	0.012 2	95.42	4.58
2014	95.324 6	3.955 8	0.514 9	0.186 8	0.026 6	0.012 1	95.32	4.68
2015	94.404 4	4.759 5	0.619 6	0.212 5	0.023 4	0.010 5	94.40	5.60
2016	93.677 0	5.359 4	0.737 2	0.223 5	0.031 1	0.011 3	93.68	6.32
2017	92.524 5	6.669 5	0.613 6	0.190 5	0.030 7	0.012 0	92.52	7.48

数据来源：《中国畜牧业统计 2008—2017》。

（2）河北省各市肉牛规模养殖状况。河北省各市规模养殖状况差异较大。2017 年规模养殖（出栏 10 头以上）出栏数占比为 46.13%。廊坊市规模养殖出栏数占比高达 92.99%，廊坊市的散养非常少，基本达到规模养殖。衡水市紧随其后，规模养殖出栏数占比也高达 72.39%。排在第三位的是辛集市，规模养殖出栏数占比为 70.87%。规模养殖出栏数占比最低的是张家口市，只有17.07%，可见张家口市肉牛养殖基本上以散养为主，而且一家一户养几头肉牛比较普遍。廊坊市肉牛规模养殖中大规模所占比重明显高于其他市，年出栏100 头占比达 66.77%，年出栏 500 头占比达 51.00%，年出栏 1 000 头以上占比达 32.15%。其他市与之相比相去甚远（表 1-15）。

表 1-15   2017 年河北省各市不同规模肉牛养殖场出栏数所占比例

单位：%

规模	年出栏1～9头场年出栏数占比	年出栏10头场年出栏数占比	年出栏50头场年出栏数占比	年出栏100头场年出栏数占比	年出栏500头场年出栏数占比	年出栏1 000头以上场年出栏数占比	散养出栏数占比	规模养殖出栏数占比
全省	53.87	46.13	20.07	13.84	6.38	3.40	53.87	46.13
石家庄市	58.49	41.51	14.13	5.67	1.55	0.49	58.49	41.51

（续）

规模	年出栏 1～9 头场 年出栏数 占比	年出栏 10 头场 年出栏数 占比	年出栏 50 头场 年出栏数 占比	年出栏 100 头场 年出栏数 占比	年出栏 500 头场 年出栏数 占比	年出栏 1 000 头以上 场年出栏 数占比	散养出 栏数占 比	规模养 殖出栏 数占比
辛集市	29.13	70.87	34.37	28.00	13.96	0.00	29.13	70.87
唐山市	60.92	39.08	14.56	9.05	3.82	1.59	60.92	39.08
秦皇岛市	61.57	38.43	20.85	14.36	5.23	1.47	61.57	38.43
邯郸市	57.45	42.55	17.29	10.11	3.65	0.86	57.45	42.55
邢台市	64.64	35.36	21.56	12.81	1.75	0.68	64.64	35.36
保定市	42.52	57.48	26.56	24.12	12.41	6.94	42.52	57.48
定州市	53.62	46.38	24.75	23.72	10.11	0.00	53.62	46.38
张家口市	82.93	17.07	8.01	4.44	1.50	0.00	82.93	17.07
承德市	44.26	55.74	15.36	10.88	3.69	2.55	44.26	55.74
沧州市	69.04	30.96	19.03	10.33	3.38	2.03	69.04	30.96
廊坊市	7.01	92.99	71.19	66.77	51.00	32.15	7.01	92.99
衡水市	27.61	72.39	43.20	30.75	15.89	9.45	27.61	72.39

数据来源：河北省畜牧兽医局。

（二）河北省牛肉产量

1. 河北省牛肉产量及地位

表 1-16　河北省及全国牛肉产量统计表（2009—2019 年）

单位：万吨

年份	2009	2010	2011	2012	2013	2014	2015	2016	2017	2018	2019
全国总计	626.2	629.1	610.7	614.8	613.1	615.7	616.9	616.9	634.6	644.06	667.3
河北	55.3	58.08	54.46	55.3	52.3	52.4	53.2	54.3	55.6	56.46	57.2

数据来源：国家统计局网站。

　　河北省是肉牛养殖（育肥）大省，同时也是牛肉生产大省。这主要源于自身养殖的肉牛就地屠宰，还因为从外省收购肉牛回河北屠宰。2008 年前，河北省牛肉产量一直排名在河南、山东之后，位居全国第三名，直到 2016 年内蒙古以微弱优势超越河北省，把河北挤出前三名。总体上说，河北省作为全国牛肉生产大省的地位没有动摇。而且十几年以来，河北省年牛肉产量一直稳定在 52 万～59 万吨，2019 年为 57.2 万吨，仅次于内蒙古、山东省，位居全国第三，占全国牛肉产量的 8.57%（表 1-16）。

2. 河北省各市牛肉产量

河北省各市牛肉产量差异较大。2013—2017 年的统计数据显示：除了廊坊市、沧州市牛肉产量持续下降外，其他市牛肉产量年度间变化不大。承德市、唐山市、石家庄市牛肉产量始终名列全省前三位。秦皇岛和邢台市牛肉产量始终排在地级市最后两位（表 1-17）。

表 1-17　河北省各市牛肉产量统计表（2013—2017 年）

单位：万吨

年份	石家庄	唐山	秦皇岛	邯郸	邢台	保定	张家口	承德	沧州	廊坊	衡水	定州	辛集
2013	6.30	7.29	2.01	3.12	2.53	3.66	5.36	7.38	4.96	4.57	3.66	1.04	0.42
2014	6.08	7.45	2.05	3.11	2.67	3.86	5.77	7.31	4.34	4.57	3.63	1.13	0.43
2015	6.02	7.43	2.04	3.10	2.76	3.96	5.83	8.11	4.20	4.37	3.58	1.34	0.45
2016	6.09	7.59	1.81	3.21	2.84	4.36	6.24	9.46	3.14	3.95	3.67	1.37	0.52
2017	7.63	8.15	1.79	3.94	2.89	4.00	6.83	9.74	3.02	2.43	3.95	0.82	0.44

数据来源：河北省畜牧兽医局。

2019 年河北省牛肉产量为 57.2 万吨，占全国 8.57%，位居第三位；比 2018 年增加 1.3%，承德、唐山、石家庄 3 市占全省的 46%（图 1-4）。

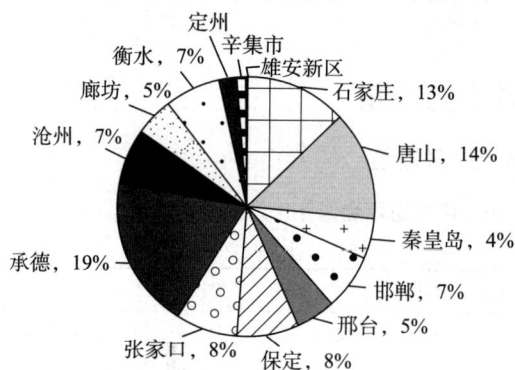

图 1-4　2019 年河北省各市（区）牛肉产量占比（%）

（三）河北省牛肉消费量

从肉类消费总量看，除了四川省外，其他省的消费水平差异都不大。除了新疆和青海外，其他省份城镇居民牛肉人均消费量大大高于农村地区。从各省牛肉消费来看，无论城镇还是农村，牛肉消费占肉类消费的比重，新疆和青海都遥遥领先，分别位居第一、二位，这与他们的民族特点、生活习惯有很大关系（表 1-18）。

表 1-18 2017 年河北及主要省份人均牛肉消费量

单位：千克/人、%

省份	城镇			农村		
	肉类	牛肉	占比	肉类	牛肉	占比
四川	39.15	2.67	6.82	37.48	0.61	1.63
陕西	14.4	1.1	7.64	8.4	0.2	2.38
河北	17.94	2.4	13.38	12.39	0.5	4.04
辽宁	25.9	3.6	13.90	19.76	0.71	3.59
吉林	19.32	3.33	17.24	17.9	0.86	4.80
青海	26.5	5.4	20.38	26.7	4.6	17.23
新疆	26.03	5.34	20.51	20.57	4.33	21.05

数据来源：《河北统计年鉴 2018》《四川统计年鉴 2018》《陕西统计年鉴 2018》《辽宁统计年鉴 2018》《吉林统计年鉴 2018》《青海统计年鉴 2018》《新疆统计年鉴 2018》。

如表 1-18 所示，河北省牛肉消费在全国处于中等偏下水平，城镇牛肉消费占肉类消费之比为 13.38%，农村牛肉消费占肉类消费之比为 4.04%，可见，河北城镇居民对牛肉的消费能力和消费水平远远大于农村居民。原因一是居民消费习惯的影响，居民更习惯消费其他肉类，如猪肉、鸡肉；原因二是居民收入水平偏低，对价格相对较高的牛肉消费不强。这一状况说明目前河北省牛肉消费对肉牛养殖业发展拉动能力不强。

二、河北省肉牛产业竞争力分析

（一）肉牛产业竞争力指标体系构建

产业竞争力是比较优势和竞争优势共同作用的结果。比较优势反映一个区域内要素禀赋的程度。竞争优势是对比较优势中所拥有的基础资源条件进行运用和组合构成产业竞争力，是产业竞争力的实质来源；竞争优势处于产业竞争力体系的核心部位。

1. 比较优势指标选择

生产要素、需求条件和相关支持产业是某特定产业形成的基础条件，也是构成产业竞争力的资源条件。生产要素包括土地、资本、劳动力，肉牛养殖对资本、技术、劳动力、土地的综合要求越来越高，是资本、技术集约型产业，肉牛存栏量是生产要素综合作用的体现，并且在数量上具有可对比性，因此选择肉牛存栏量作为生产要素的对比分析指标。需求条件指市场对特定的产品的需求量，选取了肉牛制品消费量作为对比。相关支持产业指为本产业提供产前、产中及产后服务的相关行业，本文选取肉牛制品加工企业为比较对象，通过对比加工企业数量及其经营能力来分析肉牛制品加工业对肉牛养殖产业的带动能力。

2. 竞争优势指标的选择

企业获得竞争优势通常采用成本领先战略、差异化战略和目标集聚战略，而无论企业采取何种市场战略，其最终都表现为以更低的成本生产出同种类型和效用的产品或者以同样的成本生产出效用更高、更适合市场需求的产品。考虑到数据可得性和可比性，选取肉牛单产、成本收益和肉牛制品质量三个指标对肉牛养殖产业竞争优势进行分析。

3. 表现指标选择

市场占有率是产业竞争力强弱的直接表现。不同于工业生产，肉牛市场供应受自然规律限制，短期内不会出现大幅度增长现象，因而用肉牛市场占有率衡量肉牛养殖业竞争力相对比较客观。

产业竞争力不仅体现为与其他区域相同产业争夺市场的能力，也体现为与本区域内其他产业争夺资源的能力。借鉴美国经济学家巴拉萨的显示性比较优势指数方法来对各个区域肉牛养殖产业竞争力进行比较。显示性比较优势指数是指一个区域内肉牛产值占该区域内畜牧业总产值的份额与全国畜牧业总产值中肉牛产值所占份额的比率。

（二）河北省肉牛产业比较优势分析

1. 肉牛存栏量比较

表 1-19　河北省及相关省份肉牛存栏量表（2011—2018 年）

单位：万头

年度	2018	2017	2016	2015	2014	2013	2012	2011
全国	6 618.4	6 617.9	7 441.0	7 372.9	7 040.9	6 838.6	6 698.1	6 646.4
河北	199.3	196.4	169.4	166.9	154.8	149.7	152.0	152.1
河南	231.1	230.5	620.8	650.4	626.6	610.1	602.7	612.9
内蒙古	489.8	526.5	444.8	423.2	388.3	369.9	346.4	342.1
吉林	309.4	322.0	400.2	420.8	401.8	408.6	401.4	395.4
黑龙江	349.7	363.1	315.2	313.0	300.4	298.5	310.3	318.9
四川	476.2	494.8	552.8	561.8	529.4	487.9	477.4	490.3
云南	755.8	747.7	721.8	688.2	681.3	658.9	675.1	670.0
西藏	498.4	470.0	466.6	471.3	467.5	467.5	451.3	461.9
陕西	120.8	121.7	103.1	102.1	103.7	95.2	98.2	103.0
甘肃	410.5	394.1	416.4	420.1	423.8	402.1	385.9	403.8

数据来源：布瑞克农业数据终端。

自 2011 年以来，云南肉牛存栏量就排在全国第一位。在较长时间内河南、四川、西藏排在二至四位，在 2017 年河南存栏大幅下滑，内蒙古、四川、西藏排在前二至四位。2018 年，西藏、内蒙古、四川排在前二至四位。总之，云南、内蒙古、四川、西藏的肉牛养殖业的地位牢固，发展稳定。

河北省肉牛存栏量自 2011 年以来一直排在全国第十四位，2018 年有较大幅度提升，达到 199.3 万头（表 1-19），但肉牛存栏量在全国的排位没有大幅上升。因此，河北省在肉牛存栏方面没有比较优势。

2. 需求条件分析

表 1-20　2019 年各省份城镇、农村居民人均牛肉消费量

单位：千克/人

省份	城镇			农村		
	肉类	牛肉	占比	肉类	牛肉	占比
四川	40.6	2.8	6.90%	38.3	1	2.61%
陕西	18.9	1.9	10.05%	12.2	0.4	3.28%
河北	24.5	2.4	9.80%	16.8	0.5	2.98%
辽宁	27.1	3.5	12.92%	22.8	1	4.39%
吉林	24	3.6	15.00%	21.9	1.1	5.02%
青海	24.6	9.2	37.40%	24	8.9	37.08%
新疆	24.6	6	24.39%	20.4	4.1	20.10%
全国	28.7	2.9	10.10%	24.7	1.2	4.86%

数据来源：《中国统计年鉴 2020》。

从肉类消费总量和人均消费看，除了青海和新疆外，其他省的消费水平无论城镇还是农村，各省之间差异较大，相对来说，城镇居民肉类消费稍多于农村居民。青海和新疆人均牛肉消费量分别排名第一、二位，这与他们的民族特点、生活习惯有很大关系。

河北省牛肉消费在全国处于中等偏下水平，城镇牛肉消费占肉类消费之比为 9.80%，农村牛肉消费占肉类消费之比为 2.98%。可见，河北城镇居民对牛肉的消费能力和消费水平远远大于农村居民（表 1-20）。

3. 肉牛屠宰加工业比较

河北省肉牛屠宰加工业企业以中小型企业为主，规模加工企业不多，大部分屠宰加工企业目前面临的主要问题是牛源问题，即无牛可杀，致使许多屠宰加工企业花很大精力到省外买牛，造成开工不足甚至生产停滞。而且，大部分屠宰加工企业以屠宰分割为主，加工深度不高。2019 年河北省有定点屠宰场 33 家，散户屠宰比例高，屠宰加工企业开工不足。79% 的屠宰企业分布在廊坊、石家庄、张家口、沧州和承德有少量屠宰企业（图 1-5）。

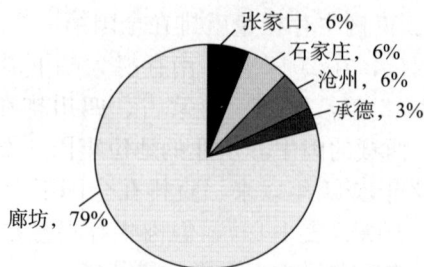

图 1-5　河北省定点屠宰场分布

（三）河北省肉牛产业竞争优势分析

1. 肉牛单产分析

表 1-21　各地区散养肉牛主产品单产量（2011—2018 年）

单位：千克

省份	2011	2012	2013	2014	2015	2016	2017	2018
河北	499.22	491.46	498.44	505.05	510.61	524.34	549.48	617.86
黑龙江	528.80	488.32	500.50	508.50	509.17	509.50	512.67	509.42
河南	383.70	393.40	399.65	410.48	412.82	418.16	421.37	428.60
陕西	384.47	386.97	387.37	387.52	390.00	396.78	397.78	399.22
新疆	311.89	315.26	410.57	323.99	358.47	355.08	345.14	348.56
宁夏	296.16	305.43	311.56	310.85	314.29	314.87	319.08	336.32
全国	400.71	396.89	418.01	407.73	415.89	419.79	424.25	440.00

数据来源：《全国农产品成本收益资料汇编 2012—2019》。

河北省和黑龙江省的肉牛单产水平一直处于前两位，自 2015 年以来，河北省超越黑龙江省跃升至第一位，大于出栏大省河南，并且大大高于全国平均水平（表 1-21）。这表明一方面，河北省有着养殖传统和丰富的养殖经验，近些年来不断提升架子牛育肥水平，使单产水平不断突破；但另一方面也折射出河北省更注重架子牛育肥，忽视了种牛饲养和良种繁育等基础性工作。

2. 成本收益分析

表 1-22　河北及主要省份散养肉牛成本收益情况表（2014—2018 年）

单位：元

省份	2014		2015		2016		2017		2018	
	总成本	净收益	总成本	净收益	总成本	净收益	总成本	净收益	总成本	净收益
新疆	8 741.3	645.73	8 921.6	469.12	9 011.7	754.11	9 023.4	608.62	9 451.2	372.6
黑龙江	10 655	2 025.8	10 367	1 674.6	10 109	2 003.3	10 260	1 750.9	10 807	1 997.9

（续）

省份	2014		2015		2016		2017		2018	
	总成本	净收益	总成本	净收益	总成本	净收益	总成本	净收益	总成本	净收益
宁夏	6 253.3	2 346.6	6 296.9	2 296.9	6 154.3	2 377	6 080.9	2 323.9	6 426.4	3 085.8
河北	10 694	2 392.1	10 589	1 989.2	10 192	2 461.1	12 135	1 766.5	13 505	3 179.7
陕西	7 788.1	3 309.3	7 532.1	2 667	7 634	3 022.7	7 695.9	3 261.3	7 783.3	3 221.3
河南	7 479.5	3 506.4	7 597	3 578.7	7 475.1	3 560.4	7 651.5	3 608	7 905.9	3 832.8

数据来源：《全国农产品成本收益资料汇编 2015—2019》。

从各省肉牛散养成本来看，黑龙江、河北、新疆明显高于其他省份，接近或超过万元（表 1-22）。主要原因是各生产投入要素价格的提高，如饲料、饲草、人工等。

从各省肉牛散养净收益来看，自 2014 年以来河南省肉牛养殖净收益一直名列前茅。陕西和宁夏肉牛养殖净收益一直处于较高水平，新疆和黑龙江明显低于其他省份。河北省处于中游偏上水平，忽高忽低，不太稳定。

从成本利润率看，自 2014 年以来河南省一直名列前茅，并且一直在提升，陕西和宁夏成本利润率也较高，2018 年分别达到 41.39％和 48.02％。新疆和黑龙江肉牛养殖的成本利润率明显偏低，河北省肉牛养殖的成本利润率处于中等偏下水平，说明河北省散养肉牛养殖盈利能力不强（表 1-23）。

表 1-23　河北及相关省份肉牛养殖成本利润率（2014—2018 年）

省份	2014	2015	2016	2017	2018
新疆	7.39％	5.26％	8.37％	6.74％	3.94％
黑龙江	19.01％	16.15％	19.82％	17.06％	18.49％
宁夏	37.53％	36.48％	38.62％	38.22％	48.02％
河北	22.37％	18.79％	24.15％	14.56％	23.54％
陕西	42.49％	35.41％	39.59％	42.38％	41.39％
河南	46.88％	47.11％	47.63％	47.15％	48.48％

数据来源：《全国农产品成本收益资料汇编 2015—2019》。

3. 肉牛制品质量分析

河北省肉牛制品以大众化制品为主，加工企业以中小企业居多，加工制品的加工深度低，以屠宰分割为主，附加值低，基本没有形成全国知名品牌。因此，河北省肉牛制品质量无明显优势。

（四）河北省肉牛产业竞争力表现分析

1. 市场占有率分析

山东、河南、河北、内蒙古的市场占有率一直名列前茅，合计市场占有率 35%～39%。但河南自 2017 年脱离第一阵营，突然下滑，目前市场占有率名列 10 名开外。

河北省肉牛市场占有率一直比较稳定，保持在 7.5%～9%。应该说，河北省肉牛养殖从市场占有率看也表现出一定竞争力，但与山东相比还有较大差距。因此，河北省应把追赶山东省作为目标（表1-24）。

表1-24　河北省及相关省份牛肉市场占有率（2011—2017 年）

单位：%

省份	2011	2012	2013	2014	2015	2016	2017
山东	10.22	10.12	10.56	9.66	8.27	9.35	12.15
河北	8.42	8.35	8.13	7.60	7.60	7.58	8.90
内蒙古	7.68	7.73	8.05	7.91	7.56	7.76	9.53
新疆	5.22	5.47	5.88	5.69	5.81	5.93	6.88
河南	12.66	12.14	12.53	11.91	11.80	11.58	5.60
黑龙江	6.07	5.99	6.17	5.89	5.94	5.93	7.03
吉林	6.70	6.79	7.00	6.67	6.66	6.57	6.08
四川	4.46	4.42	4.84	4.85	5.06	5.15	5.33
云南	4.74	4.82	4.94	4.88	4.90	4.91	5.73

数据来源：《中国畜牧业统计 2011—2017》。

2. 显示性比较优势分析

从各省牧业产值看，河南省、四川省、河北省牧业产值均超过了 2 000 亿元，是典型的牧业大省，内蒙古自治区、黑龙江省、云南省处于第二梯队，牧业产值也都超过了 1 000 亿元。所以河北省的牧业体量比较大，具有比较优势（表1-25）。

从肉牛产值看，黑龙江、吉林遥遥领先，产值达到了 400 亿元，内蒙古、云南、河北、河南紧随其后，产值均超过 300 亿元。河北省肉牛产值为 306.2 亿元，处于中上游水平。

从肉牛产值占牧业产值比重看，全国占比为 12.85%，而西藏占比达到了 54.89%，也就是说，西藏牧业产值的近 55% 是肉牛贡献的，因此，比较优势系数高达 4.27。吉林和甘肃的占比分别达到了 32.33% 和 30.59%，比较优势系数分别为 2.52 和 2.38。而河北省肉牛产值占牧业产值比重只有 15.04%，比较优势系数仅为 1.17，仅高于全国平均水平，主要是因为河北生猪、奶牛、蛋鸡肉鸡等对畜牧产值贡献较大。当然这些产业贡献大的一个很重要的原因是国家支持力度较大，尤其奶牛和生猪。

表 1-25　2019 年肉牛养殖省显示性比较优势分析

省份	牧业产值（亿元）	牛产值（亿元）	占比（%）	比较优势指数	排序
西藏	108.40	59.50	54.89	4.27	1
吉林	1 239.60	400.80	32.33	2.52	2
甘肃	395.60	121.00	30.59	2.38	3
内蒙古	1 390.50	393.30	28.28	2.20	4
黑龙江	1 691.80	449.60	26.58	2.07	5
云南	1 600.70	343.70	21.47	1.67	6
河北	2 035.40	306.50	15.04	1.17	7
河南	2 316.50	303.50	13.10	1.02	8
陕西	757.20	76.40	10.09	0.79	9
四川	2 647.90	178.40	6.74	0.52	10
全国	33 064.30	4 250.20	12.85	1.00	

数据来源：《中国农村统计年鉴 2020》。

（五）主要结论、发展方向和重点预测

通过对河北省肉牛产业竞争力的分析评价，探索河北省肉牛产业未来发展的正确方向，推动河北省肉牛产业稳定、快速发展。

1. 河北省肉牛产业竞争力基本结论

（1）河北省肉牛产业比较优势较弱，肉牛产业发展基础条件不佳。 具体表现在：肉牛存栏量长期处于较低水平，在全国处于中等偏下；河北省牛肉消费能力不强，对肉牛养殖业发展拉动能力较弱；河北省肉牛屠宰加工业企业以中小型企业为主，规模加工企业不多，总体上加工水平参差不齐，大部分屠宰加工企业以屠宰分割为主，加工深度不高，无法实现对肉牛养殖产业的带动作用。

（2）河北省肉牛产业竞争优势偏弱，无法支撑肉牛产业发展。 具体表现在：肉牛单产来看大大高于全国平均水平，但从另一方面也折射出，河北省更注重架子牛育肥，而忽视了种牛饲养和良种繁育等基础工作；河北省肉牛养殖的成本利润率处于中等偏下水平，说明河北省散养肉牛养殖盈利能力不强；河北省肉牛制品质量无明显优势。

(3) 河北省肉牛产业整体竞争力不强。 具体通过市场占有率和显示性比较优势体现出来：河北省肉牛市场占有率近些年份均保持在 7.5%～9%。应该说，河北省肉牛养殖从市场占有率看也表现出一定竞争力，但与内蒙古自治区和黑龙江省相比，还有较大差距；河北省牧业产值较高，牧业体量比较大，但肉牛产值处于中游水平，因此，显示性比较优势系数仅相当于全国平均水平，肉牛养殖对牧业产值贡献较小。

2. 河北省肉牛产业发展方向和重点预测

由于肉牛产业技术支撑不足，消费拉动力度不够，产业之间链接机制不协调，导致河北省肉牛产业竞争力不强。因此，河北肉牛未来发展的基本方向是育养并重、养加联结的基本思路。

(1) 加强肉牛繁育工作。 应该均衡出栏量和存栏量之间关系，在稳定肉牛育肥的同时，积极开展肉牛育种和繁育工作，推动河北肉牛养殖平衡发展。

(2) 推进肉牛养殖良性发展。 目前河北省肉牛养殖业收益水平较低，为提升河北省肉牛养殖业的竞争力，就必须加强管理、增加科学技术投入，不断提高肉牛养殖业盈利水平和盈利能力。

(3) 壮大肉牛加工产业发展。 一方面要做大做强肉牛加工业，推进标准化、规模化；另一方面，要不断提高加工深度，提升附加值。

(4) 建立肉牛养殖业和屠宰加工业良好的利益联结机制。 探索建立肉牛养殖业和屠宰加工业良好的利益联结机制，彼此目标一致，相互促进。

三、河北省政策性肉牛养殖保险实施现状

截至目前，河北省已有保定阜平县、承德隆化县、围场县和丰宁县、张家口阳原等五个县开展了政策性肉牛养殖保险。

（一）开展政策性肉牛养殖保险的基本情况

1. 保定市阜平县政策性肉牛养殖保险

2014 年 11 月，阜平县政府制定了《阜平县农业保险联办共保实施方案》。2015 年，阜平县委、县政府制定了《关于加强农村金融服务促进产业扶贫的实施意见》《阜平县全面推进金融扶贫工作实施方案》等文件，为"农业保险全覆盖"和金融扶贫试点工作提供了良好的制度保障。县政府与人保财险公司合作，开发了阜平县肉牛商业性农业保险。据统计，2016 年，阜平县共办理农业保险 1 039 笔，累计提供风险保障 13.7 亿元，支付保险赔款 1 980.84 万元，保险具体情况如表 1-26 所示：

表 1-26　保定阜平县政策性肉牛保险实施情况

地区	参保范围	保险责任	保费补贴	参保模式
保定市阜平县	县域农户	自然灾害、疫病及市场价格波动造成的成本损失	县财政承担 60% 养牛主体承担 40%	联办共保

注："联办共保"模式，即县政府与人保财险公司合作，实行联办共保模式，双方按 5∶5 的比例管理保费收入和赔款分摊。

2. 承德市隆化、丰宁与围场三县开展的政策性肉牛养殖保险

2015 年，承德市承接河北省级金融服务改革试点后，承德市委、市政府出台了《承德市"政银企户保"金融扶贫平台管理暂行办法》等多项政策文件，支持"政银企户保"平台发展，其中隆化县和丰宁县为肉牛保险试点县。

2017 年隆化县政府与县人保财险公司在全县范围内联合开办肉牛保险业务。目前，隆化县保险公司已承保存栏肉牛 12.8 万头（其中成牛 10.2 万头、犊牛 2.6 万头）。2018 年 4 月 28 日，丰宁县人民政府与人保财险河北省分公司签订"政融保＋联办共保"特色养殖产业合作框架协议。丰宁县 2019 年投保肉牛 117 916 头，保费 3 197.744 万元，涉及全县 73 个规模养殖场，287 个养殖村，其中覆盖 1.7 万个贫困户，增收 140 万元。围场县 2020 年出台《围场满族自治县农业保险实施方案》，保险品种中涉及肉牛养殖保险（地方财政出资实施保险补偿）。三县肉牛保险具体实施情况如表 1-27 所示：

表 1-27　承德隆化、丰宁县、围场县政策性肉牛保险实施情况

地区	参保范围	保险责任	保费及补贴	保险方式
隆化	县域肉牛养殖户	自然灾害、重大疫病、意外事故等造成的损失	保费：6 个月以上 400 元/头；6 个月以下 200 元/头	基本＋补充
丰宁			其中，县财政承担 80% 养牛主体承担 20%	联办共保
围场			保险补偿 8 000 元/头，保险费率 4%，保费补贴：县财政承担 80%，养牛主体承担 20%	基本＋补充

注："基本＋补充"方式，即以财政补贴部分为基本，农户自缴部分为补充。

3. 张家口阳原县开展的政策性肉牛养殖保险

2018 年张家口市阳原县已对玉米、肉鸡、蔬菜等产业与人保财险合作，开发农业保险项目。2019 年 2 月 19 日，张家口阳原县依据《河北省政策性农业保险试点工作的实施方案》（冀政〔2011〕113 号）等相关文件，拟在全县内启动肉牛养殖保险。如表 1-28 所示。调查发现，截至目前，阳原县仅有少

数养殖企业参与了肉牛养殖保险，绝大多数养牛户还没有参与其中。

表 1-28　张家口市阳原县政策性肉牛保险实施情况

地区	保险对象	保险责任	保费补贴	保险金额
张家口阳原县	肉牛达到 6 个月龄（含）以上，5 周岁（含）以下	疫病	财政承担 80%养殖主体承担 20%	8 000 元/头

（二）开展政策性肉牛养殖保险的作用分析

1. 扶贫成效显著

以政府为主导，金融机构参与，保险公司保障，鼓励农户通过养殖肉牛脱贫，根据各地肉牛产业发展特点，积极与银行机构相结合，创新了"政银企户保""联办共保""政融保"等金融扶贫模式，"兜"住肉牛产业经营风险，保障养殖户获得养牛收入，实现产业带动脱贫。

2. 降低了肉牛养殖风险

养殖户养殖的肉牛因受自然灾害、疫病和市场价格波动等因素影响，造成成本损失时，保险公司将根据合同约定赔偿农户的成本损失，保障了农户生产基本收益，提高了养殖积极性。

3. 为肉牛养殖户增信，提高了贷款能力

能以保险为担保进行贷款融资。隆化县试点开展"险资直投"业务，即政府和保险公司共建风险金账户，政府注入风险金（首批 1 000 万元），保险公司按 1∶10 进行贷款融资，形成"政府＋保险＋资金池增信"融资合作平台，截至 2018 年，全县累计发放金融贷款 4 640 笔，共 8.5 亿元，"险资直投"放款 255 户，金额 13 605 万元；丰宁县在"肉牛保险＋政融保"模式下，共为 8 家肉牛养殖企业发放贷款 3 800 万元，进一步解决了肉牛养殖资金难题。

4. 培育了当地主导产业，实现了县域产业结构升级

以隆化县为例，在肉牛养殖保险及其他政策的支持下，基础母牛养殖规模扩大，全县形成了以郭家屯、山湾、步古沟、西阿超、韩家店等 10 个乡镇为主的深山区可繁母牛繁育产业带和以张三营、唐三营、偏坡营等 7 个乡镇为主的浅山区肉牛快速育肥产业带，肉牛数量稳步增长。截至 2019 年底，全县肉牛饲养量达 48.1 万头，其中存栏 27 万头，基础母牛总量达到 14.8 万头，饲养量百头以上规模牛场 380 个，肉牛养殖产值达到 17 亿元以上，占畜牧业总产值超过 60%，成为名副其实的县域主导产业，也成为当地农民增收、带动贫困户脱贫的致富产业。

四、河北省肉牛产业发展中存在的问题

（一）肉牛良种覆盖率低，缺乏长远肉牛遗传育种规划

研究表明：在畜牧业的生产贡献率中，品种（遗传）因素占 40%，营养与饲料占 20%，饲养管理占 20%，疾病防治和环境控制占 20%，可见大力发展良种肉牛对于肉牛业发展起到了关键作用。

我国本地良种肉牛及外来改良牛之和仅占 35%，黄牛改良不足 20%，良种化程度较低。河北省偏远山区以当地黄牛为主进行母牛繁殖，黄牛生长速度慢、品相不佳，市场价格和经济效益远远赶不上优良品种。河北省规模育肥场肉牛超过 50% 牛源来源于外省，肉牛品种混杂，以杂交牛为主。肉牛个体小、品种退化严重，质量参差不齐。以隆化县郭家屯镇河南村的肉牛养殖为例，河南村是典型的户养母牛繁育村，全村 200 多户人家，几乎家家户户都养肉牛，养殖数量每户 30～50 头不等，长期采取山区放牧与圈养相结合的养殖方式；养殖品种主要是当地传统黄牛，或者是经过几代杂交的优良品种，一头牛的收益在 1 000 元左右；母牛繁育方式主要是本交，因地处偏远，很少采用人工授精方式。从 2018 年开始，县畜牧局下达禁牧令后只能圈养，养殖户的养殖收益受到很大影响，农户养殖意愿大大受挫。

（二）饲养管理粗放，标准化、流程化、机械化程度低

肉牛生产养殖总体上仍以农户为单位的小规模饲养方式为主，规模化养殖场虽然逐渐增加，但缺乏规范化、科学化的养殖管理方式和饲草料加工利用，难以整体上提高肉牛养殖质量。放牧饲养的繁殖牛群中，公母混合放牧，自繁自配现象严重。肉牛日粮配方随意性较强，营养或者过剩或者不能满足肉牛生长需要。散养户基础设施简陋，人畜混居，环境污染较为严重。

（三）利润低、风险高，社会融资困难

肉牛养殖业是产业链长、投入高、风险高、效益低的传统产业，受国际国内大环境的影响，肉牛生产面临多种不确定性。如新冠疫情爆发带来交通受阻、销售不畅、工人工资成本上升的难题；环保压力增加了生产成本；中美贸易的不确定性也使得肉牛生产风险增加。肉牛产品承受着价格和成本的双重挤压。同时由于生物资产、养牛设施不能抵押贷款，贷款难成为制约肉牛产业发展的瓶颈。

（四）产品加工能力不高，品牌建设有待加强

河北省肉牛屠宰加工企业以中小型企业为主，规模加工企业不多，大部分

屠宰加工企业以屠宰分割为主，缺乏牛肉精细化分割技术，普遍未使用牛肉品质分级标准，销售以四分体、冻品为主，高档牛肉相对较少。缺少深加工产品，对肉牛养殖产业的整体带动作用不强。屠宰加工企业的产品销售市场以批发商、农贸市场等低端市场为主，市场消费层级低，价格较低。由于屠宰的肉牛来源复杂，加之淘汰奶牛成为牛肉生产的重要来源，牛肉品质差异比较大，没有形成具有河北省肉牛特征的稳定性状，因此难以产生有影响力的牛肉品牌。虽然建立了福泽、北戎等省内外较有影响力的品牌，但是其品牌影响力、营销创新能力和辐射带动能力严重不足。相对于河南伊赛公司、山东亿利源公司、内蒙古科尔沁公司等大型品牌，差距非常明显。在京津冀协同发展的趋势下，如何利用好河北省的区位优势提高牛肉生产效益是亟待解决的问题。

（五）冷链物流发展滞后，影响产业升级

有关数据显示，进口冷冻牛肉的均价低于国产牛肉价格，而从澳洲进口到中国的冷鲜牛肉比澳洲进口冷冻牛肉价格高约25元/千克，比各国进口冷冻牛肉均价高约28元/千克，比国产牛肉低约4元/千克。冷鲜肉是指严格执行兽医检疫制度，对屠宰后的畜胴体迅速进行冷却处理，使胴体温度在24小时内降为0～4℃，并进行高标准排酸，在后续的加工、流通和销售过程中始终保持为0～4℃的生鲜肉（需具备完善的冷链运输体系）。在发达国家的生鲜肉消费中，冷鲜肉已达90％以上。冷鲜肉作为档次更高的牛肉产品，价格也明显高于冷冻产品，而由于进口冷鲜肉对于生产作业特别是远途冷链运输的要求十分苛刻，投入成本显著增高，极大削弱了进口价格的优势。目前我国冷鲜肉的市场份额占比极小，发展潜力巨大，应作为河北省品牌牛肉企业破解价格与技术瓶颈的主攻方向之一。当前，河北省冷链资源众多，冷链行业发展迅速，但同样存在标准体系不完善，组织化程度较低等问题，冷链"不冷""断链"现象十分严重。其根本原因就是与上游生产企业合作不紧密，资源信息对接不畅。

（六）产品价格风险增大，行业稳定性受到影响

饲料价格的波动会影响肉牛养殖者的生产稳定性，价格的大幅上升，会带动肉牛养殖成本的提高，在活牛价格、牛肉价格涨幅不高的情况下，将会挤压肉牛养殖者、生产者的利润空间。2019—2020年，受国际贸易摩擦、对未来市场预期、非洲猪瘟和新冠疫情的影响，犊牛、重要饲料玉米、豆粕价格波动幅度较大，并且与历年走势不符，造成养殖者养殖成本的不确定性增大，进而影响肉牛及牛肉市场价格和获利能力。

五、促进河北省肉牛产业健康发展的对策

（一）做好战略布局，建立健全肉牛良繁体系

利用好现有肉牛资源，坚持河北省肉牛"北繁南育、西繁东育、山繁川育"的总体思路，在北部和西部山区及坝上地区繁育纯种肉牛和杂交牛后代，形成母畜繁育区。在平原农区、黑龙港流域，以石家庄、保定、唐山市肉牛养殖优势区域为中心开展育肥，形成肉牛规模育肥区。培养发展承德、唐山、张家口、石家庄、保定、沧州 6 大肉牛优势产区，重点支持 28 个肉牛养殖重点县。

初步建立河北省肉牛数据库，强化种牛生产性能测定工作的实施，加大杂交改良推广应用范围和力度，加快向基层牧民的推广力度并扩大应用范围。制定河北省肉牛遗传育种发展规划，积极开展河北省肉牛品种登记、性能测定、遗传评估、数据收集等基本工作。制定选育计划，开展不同肉牛品种杂交组合筛选试验，以期尽快筛选出适合不同市场需求的杂交肉牛组合，提高肉牛生产经济效益。引进肉牛活体、冻精和胚胎，扩繁纯种基础母牛群。依托种公牛站和基层改良站点进行良种推广，使用西门塔尔和安格斯等主导品种对现有的存栏 175 万头本地肉牛进行杂交改良，提高产肉量和牛肉品质。开展肉牛繁育技术人员培训，继续做好技术支持工作。

（二）提升产业科技含量，实现精细化饲养管理

开展本地饲草饲料资源利用研究和技术推广，如杂谷秸秆、红薯秧、马铃薯渣和大豆渣混贮、菌棒等资源，建立粗饲料资源营养成份数据库，在规模化肉牛场推广阶段饲养技术和 TMR 日粮使用技术。积极配合国家推行的"粮改饲"等政策落实，将粮食作物改为饲料作物，推广全株玉米青贮的制作。开展重要疫病流行情况调查，摸清河北省肉牛场重大疫病流行态势，建立河北省肉牛疾病流行和防控数据库，重点实施肉牛布病、口蹄疫、焦虫病等为代表的重点疫病净化，加强肉牛犊牛腹泻和呼吸道疾病的技术攻关，肉牛运输热应激（TSSBC）防控等工作。集聚现代肉牛产业技术体系、科研院所和企业力量，加强肉牛良种繁育、标准化规模养殖、重大动物疫病防控、优质饲草料种植与加工等核心技术与设施装备的联合攻关和研发，突破关键领域的技术瓶颈，提升产业竞争力。加强基层畜牧技术推广体系建设，提升基层技术推广骨干的服务能力，提高基层推广机构和人员的专业素质，加强科研攻关的力度，加快科研成果转化，解决生产中遇到的难题。

（三）整合财政资金，创新金融服务

首先，要加强财政资金统筹整合，撬动更多社会资本参与畜牧业发展。2020年中央1号文件提出，发挥规划统筹引领作用，多层次、多形式推进涉农资金整合，推进专项转移支付预算编制环节源头整合改革，探索实行"大专项＋任务清单"管理方式。尽快将工商资本、金融信贷、保险基金、风险投资基金、产业投资基金等引导到河北省优势特色畜牧产业集群建设上来。同时在畜牧产业领域，积极推广"政银企互保""政银担"等金融合作服务模式，激发各金融机构的服务效能，尤其是大力开展政策性养殖保险，借助"银保合作"实现信贷融资、租赁融资以及其他社会资本融资。引导河北省金融服务机构积极探索畜牧养殖设备融资租赁、活体生物资产抵押融资、项目周转资金额度借贷等金融服务新方式中的合作关系，满足河北省畜牧业发展的资金需求。其次，要健全农担风险分担机制，解决畜牧业抵押担保难、银行信贷风险大的问题。进一步完善《农业信贷担保资金管理办法》，在明确担保对象、担保比率等基本内容的基础上，创新性提高农担的风险容忍度，更多地承担风险损失，以引导银行适当放宽增信主体的贷款条件，适当调高授信额度，扩大信贷规模。扩大农担服务范围，进一步将家庭农场、合作社和中小型种养户纳入担保范围，并强化产品分类设计，开发更多的具有季节性、时效性、区域性的差异化担保产品。

（四）提升屠宰加工水平，打造河北牛肉品牌

首先，要采用高端的科学饲养管理技术，淘汰落后品种，加大良种普及率；研究高档肉牛品种的育肥、屠宰、分割、加工技术，使用先进的屠宰分割设备，具备完善的胴体分割标准；研究并推广原切牛排等高档牛肉，以及降低初始微生物、精准包装、$-1℃$冰鲜保鲜等延长货架期新技术，建立肉制品安全控制体系，保障食品安全。以"品质差异化打造"为主体开展主体牛肉目标市场对应性分割技术研究、酶法嫩化技术研究、传统酱卤安全制造技术研究工作。其次，以"目标市场需求"为主体开展目标市场产品层级、品质特征等需求、潜在消费者需求特点等系列调研工作；对接餐桌进行精细化分割加工，严格采用食品质量安全追溯系统；增强服务意识、树立肉牛品牌，利用网售工具、提高副产品加工增值，最终提高行业利润。同时，开展品牌创建，面向京津开拓差异化高端市场。完善区域营销规划，形成品牌体系。以品牌促收益，通过农博会、展览会、洽谈会等形式，做优做精特色品牌，做大做强企业品牌，奖补企业品牌，带动企业的积极性。提供能满足现代生活需求的高品质牛肉产品，提高河北省牛肉销售价格和生产效益，缩小与全国平均水平的差距。

（五）提升冷链物流组织化程度，保障牛肉消费质量

2016 年，中国畜牧业协会与中国仓储与配送协会、中国蔬菜流通协会、中国果品流通协会、全国工商联水产业商会等 5 家协会共同成立了全国冷链运营联盟，目的是打通以"农业生产＋冷链物流"为核心的产业链上下游，形成全国冷链运营体系，完善有关标准，实现资源有效整合。在产业链下游，以集中屠宰、品牌经营、冷链冷鲜为主攻方向，推进肉牛标准化屠宰，优化牛肉及其制品结构，加快推进肉品分类分级，扩大冷鲜肉和分割肉市场占有率。鼓励和支持企业收购、自建养殖场，延伸产业链，带动合作社、专业大户、家庭农（牧）场等经营主体，推进"龙头企业＋合作社"等经营模式，为农牧民提供资助，完善利益联结。积极探索"互联网＋"与各类肉牛养殖生产经营主体深度融合，构建多元产品流通网络，加强产加销有序连接。冷链运输是衔接冷鲜牛肉生产与流通销售的关键核心技术，鼓励河北省内品牌牛肉企业积极参与到该体系中来，充分利用冷链运营资源，为升级冷鲜牛肉技术，扩大冷鲜牛肉市场份额，从而增强自主牛肉品牌核心竞争力积蓄能量。

（六）加强关联市场预警调控，保证肉牛产品市场价格稳定

不稳定因素剧增的情况下，替代品、原饲料、进出口贸易和经济政策等因素不同程度地影响着肉牛产品的市场价格，为保证价格的稳定性，应该严密监控上述因素的发展变化，建立完善相关市场预警机制，积极防范不确定事件对牛肉市场及价格的冲击。一是完善替代品及原饲料市场预警与调控机制。将牛肉市场的预警调控与猪肉、鸡肉、羊肉等替代品，玉米、豆粕、小麦麸等原饲料的预警调控机制有效结合，确保整个畜牧业价格系统平稳运行。二是适时适度地实施相关经济政策。鉴于政府相关政策会影响到牛肉市场参与者的行为及其预期，在市场健康运行的情况下，应尽量减少市场干预。在实施必要的政策调控时，要确保政策的前瞻性、适时性和适度性。对于经济危机、畜禽疫病、自然灾害等不可控因素，理应结合现有机制，及时、合理调控市场，尽量减少该类不确定性冲击所产生的负面影响。

专题二：河北省肉牛产业发展模式与特征

一、以屠宰加工为龙头的廊坊市肉牛产业发展模式

（一）基本情况

廊坊市是河北省牛羊产品屠宰加工比较集中的地区，目前年屠宰牛羊加工能力在3万吨左右，主要集中在大厂县、三河市等地。屠宰加工的产品大部分供应北京市场，有着良好的屠宰加工基础和稳定的销售渠道。但是，近年来随着牛肉市场需求的扩大和肉牛养殖出栏数量的增长缓慢，当地的屠宰能力得不到满负荷运转，不少设备处于闲置状态。为此，原有的加工企业不断拓展自己的业务领域和改进屠宰加工技能，有些企业利用自办育肥场来增加屠宰牛源，有些企业则采取向外拓展的方式，即通过建立养殖基地的办法增加牛源，还有一些企业则是尝试开拓高端牛肉市场。经过几年的实践探索，廊坊地区的肉牛产业依然保持着良好的增长态势，逐渐形成了以肉牛屠宰加工企业为核心的产加销一条龙的肉牛产业发展模式。其中的典型企业是河北福成五丰食品股份有限公司。如图2-1所示。

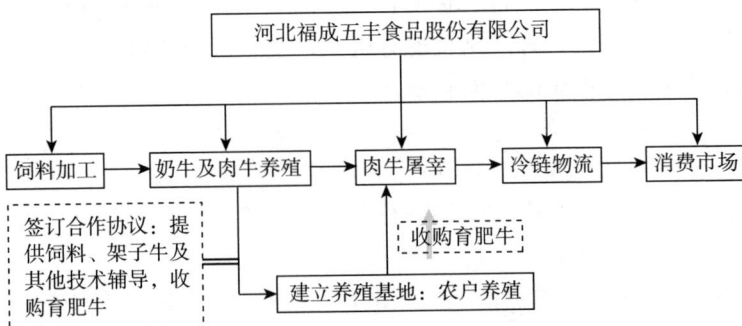

图2-1 以"屠宰加工为核心"的龙头企业带动型肉牛产业模式示意图

该公司由河北三河福成养牛集团总公司牵头出资设立并在国家工商行政管理局登记注册，公司位于北京以东 40 千米的三河市燕郊经济技术开发区，2004 年成功上市，上市时的注册资本为 8.19 亿元。公司是经农业农村部、国家税务总局、中国证监会、发改委等国家九部委联合认定的农业产业化国家重点龙头企业，主要从事奶牛及肉牛饲养、饲料加工、肉牛屠宰加工等业务。公司采用国际先进肉品后成熟加工工艺，精细分割，冷链控制，先后通过了 ISO 9001：2000 质量管理体系认证、HACCP 认证和无公害畜产品认证，并严格按照标准执行，为消费者提供"绿色、健康、放心"的牛肉。

（二）模式创新

1. 屠宰加工企业为产业发展模式的龙头

依托传统优势，屠宰加工企业是当地产加销一条龙肉牛产业发展模式的引领性企业，是由国家有关部门认定的国家级农业产业化龙头企业。截至 2000 年，廊坊市的屠宰加工企业达到近百家。这些公司一方面与基地农户签订购销协议；另一方面，在市场供给不足时，公司自己购买优良品种的架子牛进行育肥，自养自宰，满足了屠宰分割的产能。

2. 延长产业链条，形成产、加、销一条龙产业体系

向前端收购或入股饲料种植及加工企业、建立肉牛繁育基地，并与养牛户签定肉牛饲养与收购协议，向后端的加工、冷链物流及终端消费市场拓展。逐渐形成了以屠宰加工为龙头，并向产前的肉牛育肥和产后的产品深加工销售扩展的产加销一条龙的产业化链条。

3. 注重基地建设，保证屠宰加工牛源供给

河北福成五丰食品股份有限公司自成立以来，一直秉承"公司＋基地＋农户"的经营模式。在北京市顺义区、内蒙古宁城县、河北省丰宁县等地区分别建立了肉牛饲养基地，异地收购幼牛，就地饲养育肥。同时公司与农户签定饲养合同，委托农户饲养，由公司提供架子牛、饲料，并派技术人员进行指导、防疫，肉牛育肥后由公司统一收购，保证了屠宰加工所需的牛源供给。

4. 上市融资规模较大，完成了资本积累和规模扩张

河北福成五丰食品股份有限公司上市前，注册资本为 2.51 亿元，2004 年上市后，实现注册资本金 8.19 亿元的资本积累。2005 年，公司先后建成了年出栏量可达 4 万头的肉牛养殖场，开发了种牛繁育项目、4 万头肉牛屠宰线技术改造项目、4 000 吨低温冷库技术改造项目、3 000 头奶牛基地技术改造项目并具有乳制品生产线、肉类制品生产线等生产能力，为生产规模的扩张奠定了强大的物质基础。

5. 注重产品的市场开拓

基于地缘优势和屠宰加工的传统，廊坊地区的屠宰加工牛肉大部分供应了北京市场，经过之后多年的市场拓展，廊坊的牛肉也摆上了上海、广东等地高档饭店的餐桌。

（三）运行特色

1. 已经形成稳固的"公司＋基地＋农户"的经营模式

带动基地农户走出了一条养牛致富之路。河北福成公司成立以来已带动农户 3 000 多家，其中存栏 50 头以上的养牛大户 50 多家。

2. 拓展了新的消费市场

以河北廊坊大厂河口公司为例，公司在建场初期主要进行牛肉的屠宰，主要供应北京市场。随着牛肉市场的波动和北京市场竞争压力的增大，他们将北京市场中不易销售的部分牛肉低价购回，进行产品深加工，在互联网上销售，取得了良好的经济效益。

3. 延长了产业链，提高了肉牛产业附加值

以屠宰加工带动养殖，实施产业化经营，提高附加值，延长产业链。作为全国第一家现代化肉类加工企业，大厂华安肉类有限公司为全省肉牛产业的发展起到了良好的示范带动作用。华安公司平均每天分割 30 吨的牛肉送进北京、上海等地的高档饭店，带动 1 000 多个农户从事肉牛养殖。在河北省，像华安这样的肉牛屠宰加工企业很多，仅大厂回族自治县就已经发展到十几家，屠宰加工企业坚持欧盟卫生标准和伊斯兰屠宰方法，实现了屠宰、分割、排酸、速冻、冷藏一条龙现代化生产，开发出风靡全国的"肥牛"产品，抢占了国内高档牛肉市场。

（四）经验启示

1. 充分利用好当地的区位与资源优势

廊坊市地处京津之间、环渤海腹地、大北京都市连绵区的核心节点，全部县（市、区）与京津接壤，全市 56 条道路通达北京、52 条连通天津，享有半小时进京下卫、一小时上天入海之地利。多年来，依托良好的区位优势和自然条件，形成稳定的牛羊肉制品加工集群。为推动肉牛屠宰加工行业发展，多年来廊坊市政府从土地利用、税收优惠等方面对屠宰加工龙头企业加大支持力度，推动了当地肉牛产业的持续稳定发展。

2. 不断完善产业链条有助于产业的稳定发展

屠宰加工是廊坊地区肉牛产业发展的传统优势，但是，随着黑龙江、陕西、贵州、河南等地的肉牛产业不断发展，肉牛产业的竞争也不断加剧，争抢

牛源的问题十分突出，很长一段时间里，牛源不足成为制约当地乃至河北省肉牛屠宰加工行业发展的重要约束，廊坊地区的肉牛产业在政府的支持下，通过建立自己的肉牛养殖基地、饲草种植基地等措施培育母牛自繁肉牛，与此同时，不断开拓肉牛消费市场，把廊坊品牌推向除北京、天津之外的广州、深圳、上海等大市场，形成稳固的包含肉牛养殖、饲草种植、屠宰分割与加工、冷链物流、消费市场在内的产业链。强大而稳固的产业链成为廊坊地区肉牛生产在全国市场上具有较强竞争力的"资本"。

3. 传统产业的优化升级至关重要

传统产业保持长久不衰的重要法宝除了延长产业链形成产业化发展之外，还有一个重要的因素是不断创新，通过技术创新、思维创新实现产业的不断优化升级。廊坊市有肉牛产业发展的竞争优势，一是不断改进生产技术，特别是屠宰加工技能，不同肉牛品种、不同位置的精准分割、品质鉴定等先进技能的推广有效地提升了消费者的认知，让消费者实现了明白消费，也为打开更广泛的消费市场提供了可能；二是创新思维，不断开拓高端消费市场。在我国，牛肉消费本身就属于肉类消费市场的较高端市场，牛肉价格一般要高于猪肉价格一倍以上；但是，日常生活中百姓在超市中购买的牛肉仅仅是中低端产品，从精准分割技术下的牛肉鉴别来看，高端牛肉的价格远远超出普通百姓的认知。调研中发现，廊坊地区的部分新生代屠宰加工牛人，逐渐瞄准了北京高端的牛肉市场，牛肉价格从每千克几百元到上千元不等，据他们分析，目前北京高端牛肉市场的满足率不足 20%，市场空间巨大，这就带动了肉牛养殖的进一步高端化和屠宰加工技术精细化。在廊坊地区，一批新生代屠宰加工牛人正在引领着廊坊地区乃至河北省肉牛产业化发展的优化与升级。

二、承德"育肥场＋农户繁育"的龙头企业带动型发展模式

（一）基本情况

承德市北戎生态农业有限公司，位于举世闻名的避暑山庄与风光秀丽的坝上草原之间的隆化县唐三营镇，是集肉牛育肥、屠宰加工、有机肥生产、生态种植为一体的市级农业产业化龙头企业，也是当地省级农业科技园区的核心企业。为了推动当地肉牛产业的发展，北戎农业科技有限公司首先倡导成立了北戎牛业专业合作社，吸纳当地近 50 多户肉牛养殖家庭为合作社社员；同时建立起合作社与养殖户的合作机制，明确合作社要为成员提供系列化服务，包括组织成员养殖肉牛、提供种牛、饲料购买、提供生物有机肥用于青储玉米种植、收购架子牛以及与养殖有关的技术和其他信息服务。

（二）创新模式

该模式以北戎生态农业有限公司为肉牛产业链核心，分别建立生态养殖、循环经济产业链和肉牛生产销售产业链，打破了传统肉牛养殖行业产业链条短、生产模式单一的弊端。

生态养殖、循环经济产业链中，一方面北戎公司为肉牛养殖户提供生产技术辅导、收购架子牛、提供有机肥等服务，养殖户母牛繁育为北戎公司育肥养殖提供充足牛源。另一方面，北戎公司与种植户签订青储玉米收购协议，提高本地饲料提供能力，有效降低饲料的购进和运输成本。在产业链前端实现有效连接的基础上，重点发展育肥养殖。同时实施加工牛粪无害化处理方案，建立生物有机肥厂，将育肥养殖的排泄粪污进行处理，并提供给签约种植户，提高玉米种植收益，实现循环经济产业连接。

肉牛生产销售产业链中，北戎公司重点分析牛肉消费市场，立足自身育肥场牛源的低成本优势，通过多种营销手段实现与终端市场有效对接，将牛肉产品直销我国港澳地区和京津冀大型商超，既创建了承德当地知名品牌，又实现了肉牛产业末端链条的超额利润。

该模式运行机制如图 2-2 所示。

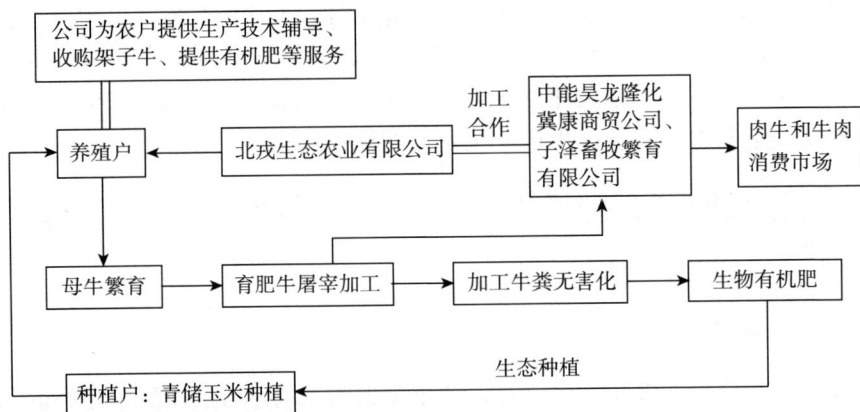

图 2-2　以"育肥场＋农户养殖"的龙头企业带动型肉牛产业发展模式示意图

1. 建立循环经济产业

与污染处理企业建立合作关系，建设了牛粪无害化处理设施，提升了环境治理与生态平衡能力，形成了"母牛繁育—育肥牛—屠宰加工—牛粪无害化处理—生物有机肥—生态种植"的循环经济产业链。在循环经济产业链的带动下，不仅肉牛养殖、屠宰、加工获得了发展，而且因生物有机肥生产和无公害农产品种植，推动了当地生态农业的发展，形成了生态型、环保型养牛产业链条，创建了"北戎"生态农业品牌，提高了当地种植户、养殖户以及公司的经济效益。

2. 与牛肉加工、销售企业合作，建立了优质育肥场的牛肉直销模式

与牛肉加工、销售企业合作，不仅提升了加工能力，而且还开拓了国内、国际大市场，形成了稳定的优质育肥场的产加销一条龙产业化发展模式。北戎"生态肉牛"与中能昊龙隆化冀康商贸公司合作建立了 10 万头肉牛加工产能，与子泽畜牧繁育有限公司合作打通了我国港澳市场。子泽畜牧繁育有限公司所生产的肉牛已全部实现了直接出口我国港澳，其所属的福泽公司已开展了肉牛加工，直接供应承德市大润发等超市。北戎牛业被商务部确定为肉牛贮备基地，在北京注册了新绿萌农牧科技公司，其牛肉等产品直销北京 30 个社区。凤林、益佳等规模育肥场已成为北京福成公司等企业主要活牛供应地。

（三）经验启示

1. 用循环经济理念引领肉牛养殖发展

面对资源枯竭、人口迅猛增长、生态环境严重恶化的形势，重新认识自然界，以减量化、再利用、资源化为原则，以低消耗、低排放、高效益为特征，将"资源-产品-废弃物排放"的单向式传统增长模式转变为"资源-产品-废弃物-再生资源"的反馈式循环经济模式的根本变革，是可持续发展理论在经济增长中的具体应用。为此，用循环经济理论引领肉牛产业向现代畜牧业发展，对指导肉牛规模化、集约化、专业化、工厂化生产，促进农业增效、农民增收，推进新农村建设，构建和谐社会具有十分重要的作用和深远影响。

河北省位于华北平原，北部地区有丰富的草原资源，中南部地区有种植优势，耕地面积广阔，土地肥沃，日光充足，农作物主要有小麦、玉米等，各类农作物秸秆资源丰富，可以为肉牛养殖提供较为充足的饲料供给。肉牛能大量利用牧草和农作物秸秆，经体内消化，排出的粪尿进行固液态分离，干粪生物发酵可生产有机肥，也可与秸秆、稻壳等混合作为食用菌培养基料；粪、污水可用于生产沼气；菌料及沼渣、沼液、有机肥，均可用于还田肥地，从而形成了以肉牛业为核心的循环经济产业链，带动种植、沼气、食用菌、有机肥料等产业的良性发展。

加快科技创新和技术进步，提高发展畜牧业循环经济的科技含量，是发展肉牛产业循环经济、实现肉牛业可持续发展的重要推动力量。充分发挥肉牛养殖推广机构、科研单位、大专院校、龙头企业和合作经济组织的作用，大力推广规模饲养、疫病综合防控、配合饲料生产、废弃物综合利用等实用技术，提高畜牧业生产水平。

2. 重视发挥肉牛养殖合作社的重要作用

肉牛养殖合作社是养殖户抱团取暖、扩大养殖规模、降低养殖风险的一种养殖方式，可以得到政府扶持，实现合作社成员的互惠互利，尤其是可以带动贫困农民增收脱贫。

肉牛合作社使合作社成员都拥有一定的权利，而且对于每一位成员也都十分的负责。从生产、运输到生产技术，肉牛合作社都可以进行统一的安排与科学的布局。这些新的措施与以前人们自主的或个体养殖方式有很大不同，合作社可以为每一位成员提供最先进的技术、最科学的方法，对生产的肉牛产品质量有一定的保障，从而可以整体地去提高整个肉牛行业的产品质量，整体促进肉牛养殖行业的发展。专业合作社可将所有成员拥有的资源进行合理地分配与利用，同时又兼用合理的科学方法与技术，让养殖户用有限资源，加上科学管理方法和先进生产技术去生产出更多高品质的肉牛产品，从而获得更大的利润。

为使肉牛养殖合作社更长远的发展，发挥更强大的作用，需要进一步规范肉牛合作社的制度和管理；突破经济的局限，争取财政的支持，扩大融资渠道；培养专业型人才，传递更多专业技术给需要的人。

3. 加强终端产品销售管理，提高产业链附加值

北戎公司从种植、养殖、屠宰到对接终端市场的全产业链生产模式为现代肉牛发展方向提供了借鉴。在大多数肉牛养殖企业更专业于、重视于产业链前端的发展现状下，肉牛产业发展应更加注重终端产品的科学管理。

首先，要以创建品牌产品为切入点，加强牛肉标准化生产体系建设，建立科学的牛肉分级标准体系，引进先进精深加工生产设备和配套技术，提升产业链技术创新能力，探索研发新产品。积极引导养殖加工企业、养殖专业合作经济组织增强品牌和质量意识，发挥资源优势，凸显品牌效应和辐射带动作用，做大做优肉牛产业。加快终端产品由单一的屠宰分割向多元化、精品化方向转变。打造一系列品牌认可度高的拳头产品，进而提升产业链终端产品的附加值。加快生态牛肉等商标注册工作，稳步提高市场占有率。

其次，在大力培植本地品牌的同时，政府、企业或个体可通过政策招商、项目招商、技术招商、资源招商等形式，积极引进一批知名肉品加工企业前来投资建厂，利用其技术、品牌和销售优势，充分挖掘本地肉牛及其副产品的商业价值，就近加工生产，既可降低企业生产成本，又可提升整个产业链综合经济效益。

三、以"品种改良"为核心的科技引领型发展模式

（一）基本情况

河北天和肉牛养殖有限公司成立于2009年3月，是一家以胚胎生物技

术为依托，专门从事优质高档肉牛引种、扩繁、育肥的农业科技型企业，是农业农村部现代农业产业技术体系国家肉牛牦牛产业技术体系综合试验站。公司在国内率先引进纯种日本黑毛和牛胚胎并成功繁育了我国首个官方认可的纯种日本黑毛和牛种群。在培育种牛的同时，经过精细化育肥技术的研究，已推出高档雪花牛肉系列产品。公司从加拿大引进纯种西门塔尔牛、安格斯牛胚胎用于种牛培育、育肥的同时，与国内一流农业院合作研发奶公犊育肥技术，优质红肉系列产品也即将上市。依托掌握的先进胚胎生物技术，公司先后承担国家项目 18 项，省市级项目 20 余项，2015 年度国家农业综合开发产业化经营项目被河北省农业综合开发办公室授予"省级示范项目"。项目多项技术成果填补了国内空白，达到国际先进水平，先后获得省部级以上科技进步奖 5 项；申报国家发明专利 3 项，获批 2 项；发表相关科技论文 40 余篇（其中 SCI 论文 11 篇）；建立了 PCR 牛胚胎性别鉴定技术、双犊诱导技术等 4 项新工艺；建立了纯种黑毛和牛、北美安格斯牛、西门塔尔牛 3 个育种核心群，经济效益达十亿元以上。公司以胚胎生物技术为核心，长期进行良种肉牛的快速扩繁和胚胎生产，为全国同类企业源源不断地提供优质种牛、胚胎及相关技术服务，为带动河北省高档肉牛产业的发展发挥了重要作用。公司以胚胎生物技术为特色，利用国内一流的胚胎生物技术进行良种肉牛的快速扩繁和胚胎生产，业务辐射周边省市乃至全国的规模化牧场，有效带动了周边农户的畜牧生产，为国内的良繁事业做出了重大贡献。先后合作建立河北农业大学实践教学基地和中国农业大学实践教学基地，累计培养硕士 14 名，博士 6 名，培训研究人员 97 人次，培训技术骨干 243 人次，培训基层技术人员 2 375 人次，为新技术的产业化开发和应用做好了人才和技术储备。

（二）模式创新

河北天和肉牛养殖有限公司作为农业农村部认定的现代农业产业技术体系国家肉牛牦牛产业技术体系石家庄综合试验站、国家肉牛核心育种场，凭借自身掌握的肉牛胚胎生物技术优势，结合国家肉牛牦牛产业技术体系专家在肉牛饲养、育肥、屠宰加工等方面的技术力量，研发肉牛饲养和育肥模式，适时调整饲料配方，降低饲养成本。该公司根据肉牛不同育肥标准采用精细化、定制化加工分割方案，使用精准包装、−1℃冰鲜保鲜等技术提升牛肉产品附加值。通过各项技术的集成，建立了一整套的肉牛遗传育种、繁殖、养殖、疫病控制、粪污处理等高科技管理模式，取得良好的经济和社会效益，使其成为我国高新科技养殖模式的典范。该模式运行机制如图 2-3 所示。

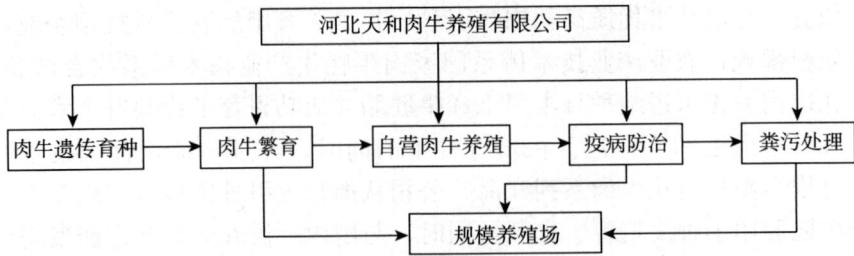

图2-3 以"品种改良为核心"的科技引领型肉牛产业模式示意图

（三）运行特征

1. 以胚胎生物技术的研究与推广为核心任务

公司以胚胎生物技术为核心，长期进行良种肉牛的快速扩繁和胚胎生产，为全国同类企业源源不断地提供优质种牛、胚胎及相关技术服务，为带动河北省高档肉牛产业的发展发挥了重要作用。截至目前，存栏胚胎生产供体母牛259头，其中纯种安格斯牛55头、和牛95头、西门塔尔牛109头。年产优质肉牛胚胎5 000枚，胚胎移植总数占全国的85%以上。

2. 以先进的实验技术条件为保障

公司拥有胚胎生物工程实验室1处，流动实验室1处，主要开展胚胎生产、移植及相关生物技术服务，年均胚胎生产移植技术服务3 000次。并多次承担常规、玻璃化胚胎冷冻保存，胚胎分割及胚胎性别鉴定等胚胎生物关键技术的研究和产业化工作，具有丰富的项目经验。牛胚胎移植及相关生物技术等各项技术指标均达到国际先进水平。其中超数排卵可用胚胎平均数6.5枚以上；胚胎移植妊娠率45%以上；性别鉴定准确率98%以上；胚胎分割成功率99%以上；鲜、冻胚分割后移植妊娠率50%以上。

3. 以实力雄厚的研发、生产管理及其教学团队为中心

公司现有员工50名，其中胚胎生物工程专业技术人员20名。从学位结构看，研究员（博士）2名，硕士10名，学士4名及技术员4名。公司董事长李树静博士现为中国农业大学研究生校外导师、河北农业大学动物科技学院的特聘教授，农业农村部万枚胚胎生产项目特聘专家，在牛羊胚胎移植、胚胎分割、性别鉴定、体外胚胎生产等领域有突出建树，在国内外享有盛名，团队也被国务院授予"重点华人华侨创业团队"。

4. 以国内外著名的产学研机构的长期合作为引领

公司与世界最强的动物胚胎生物技术美国上市公司 Trans Ova Genetics 达成战略合作框架，在奶、肉牛优质种质资源引进、奶牛活体采卵＋体外受精（OPU-IVF）、克隆和动物基因模型等新技术研发方面展开密切合作。与国内

顶级院所中国农业大学、中国农科院北京畜牧兽医研究所、河北农业大学等合作建立实践教学研发基地，共同开展新技术研发、人才培养等工作。

（四）经验启示

1. 加强肉牛遗传育种，实现高效肉牛养殖

在影响畜牧业生产效率的诸多因素中，品种和种群的遗传起着主导作用，现有研究证明，在畜牧生产效率的提高中，遗传育种的贡献率高达40%。遗传育种科学是改良动物遗传素质和生产潜力的主要手段。通过育种工作可以利用肉牛品种资源，发挥优良品种珍贵基金库作用，提高肉牛产品的质量和数量；有利于品种资源的开发利用，形成对现有品种资源的保护作用；同时育种工作可以培育出新品种的品系，提高总体的生产效能和良种基因在群体中的覆盖率，提供高质量的肉牛产品，保持在市场中的优势竞争力。为保证遗传育种工作的顺利开展，国家政府、研发企业和风投公司，应加大对该领域工作的资金支持力度和政策优惠力度，保证遗传育种科研工作顺利可持续进行。

2. 充分利用先进科技，促进肉牛产业发展

天和肉牛公司的发展经验充分展示了科学技术的重要性，在肉牛行业发展中，政策、科技和投入是不可或缺的三大要素，但是现有研究证明科技刺激生产发展的潜力远高于政策和投入，所以河北省肉牛产业发展要多渠道提升肉牛产业相关科技水平。建设科技示范园区可以提升肉牛科技创新能力、加速肉牛业科技成果的转化应用率，更利于搭建与科研院所的技术合作平台，进而推进研发和技术推广工作。深化科技体制改革是实现现代畜牧业的重要保障，政府相关部门需要培养服务思想，建立以畜牧业科研院校为主题的基础性、公益性现代畜牧业科学理论创新体系和高新技术创新体系，逐步建立以政府为主导、社会各界广泛参与的新型畜牧科技推广体制。突出人才、资源和肉牛产业优势，建立肉牛科技人员培训基地和新技术推广基地，整合县、乡、村三级畜牧科技人员，加大培训力度，优化科技人员知识结构，增强业务能力，适应加速肉牛科技成果的转化应用工作。

3. 借鉴国际先进经验，优化本地肉牛产业

天和公司注重与国外发达国家相关机构建立紧密合作关系，实现了与国外先进技术的无缝对接。发达国家肉牛养殖技术成熟，肉牛种质资源、品种选育等研发工作开展时间较长，人员分工明确，与我国当前肉牛育种科研、教学现状形成鲜明反差。在饲养管理和调控技术方面，发达国家已经达到标准化、精准化水平，而我国尚未针对肉牛饲料原料进行资源普查，缺乏针对肉牛产业给予战略性长期重视和指导。在肉品品质安全控制技术方面，发达国家纷纷推出了分割标准化，基本普及了从牧场到餐桌的全程追溯系统，保障了产业链健康发展和肉品安

全。我国目前尚缺少牛肉分级的技术和标准，全程追溯也仅停留在不完整的片段演示和概念展示阶段，牛肉加工与品质控制的研究人才短缺，力量薄弱。在肉牛技术服务网络建立方面，发达国家通过立法建立了层次分明的推广、信息反馈网络，科研与推广联动提高了生产力。而这一方面更是我国肉牛行业的短板所在，科研机构数量和研发能力小而弱，效率低下。综合上述，基于发达国家肉牛养殖领域的丰富经验，我们应选择性加强与肉牛发达国家的合作，提高本地研究的技术和理论水平。同时加强与牛源充足的国家、地理位置相邻或经济贸易关系密切的国家进行合作，为引进和丰富资源材料、提升本地肉牛产业发展水平奠定基础。

四、"育肥场＋养殖小区"的育肥场龙头企业带动发展模式

（一）基本情况

承德县华商恒益农业开发有限公司是一家民营企业，成立于 2014 年 5 月，项目建设地址为隆化县张三营镇南园子村，注册资金 1 000 万元，占地 296 亩*，2016 年 6 月被承德市人民政府认定为市级重点龙头企业。公司的主要业务包括三部分，一是高品质肉牛繁育、养殖、育肥与销售，这也是主业，二是有机肥生产和销售，三是有机农产品种植与销售。目前，公司拥有高标准牛舍 11 栋，其中有 3 栋用于肉牛繁育，实施胚胎移植技术培育与品种改良，重点繁育安格斯高档肉牛并销售，其余 8 栋牛舍主要是以租赁方式租给养殖户使用。该模式运行机制如图 2-4 所示。

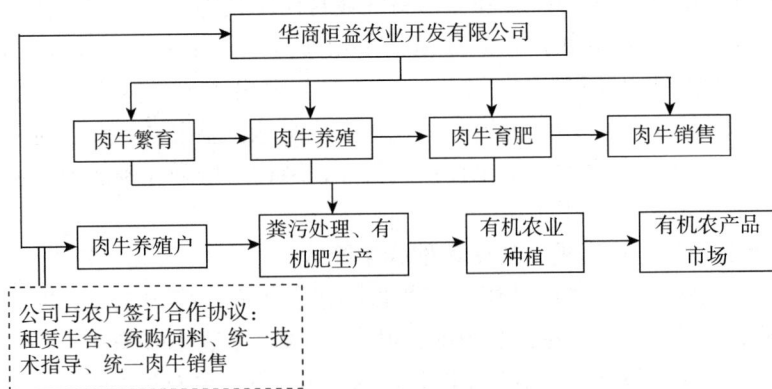

图 2-4 "育肥场＋养殖小区"的育肥场带动型肉牛产业模式示意图

---

* 亩为非法定计量单位，1 亩≈667 米²。——编者注

（二）模式创新

1. 形成了"育肥场＋养殖小区"的肉牛发展模式

此模式中，育肥场发挥着龙头企业带动作用。华商恒益公司以肉牛养殖为起点，拓展了肉牛胚胎移植技术培育与品种改良等肉牛繁育工作以及有机肥加工与处理、有机农业种植等系列工作，同时，将部分养殖饲喂设备租赁给养牛户，带动养牛户一起实现粪肥的有机处理，解决了农户肉牛养殖粪污处理难的问题。

2. 以租赁方式为当地养牛户提供标准化牛舍，形成养殖小区模式

目前公司与养殖户之间签署了牛舍租赁、统一防疫、统一粪便处理等几方面的协议，公司为养殖户提供牛舍，提供堆粪厂与污水池，各家各户有自己的清粪车。从管理角度看，目前还没有实现全方位的统一管理，未来的设想是实现小区内统购饲料、统一技术指导、统一肉牛销售，形成真正的规模优势。

（三）运行特色

1. 小区建设标准起点较高

建成了拥有高标准牛舍、青储池、材料棚、粪污处理设施及其他辅助设施的肉牛养殖高档小区。经过 2016—2018 年三年的基础设施建设，已建设完成高标准牛舍 11 栋，占地 6 000 平方米，同时建成 1 000 立方米的青贮窖、1 000 平方米的草料棚、300 立方米的酒糟贮存窖、400 米的排污沟，同时建成年产 3 万吨有机肥加工厂一处，年可处理牛粪 82 400 吨，秸秆 5 960 吨，彻底解决周边种养殖户粪便污染、秸秆焚烧等农村面源污染问题。现在整个肉牛养殖小区的水、电、路等主要设施以及饲料配混、移动清粪、机械消毒等设施设备齐全，各种规章制度健全，消毒防疫设施、专职兽医齐备。

2. 带来了可观的经济效益和社会效益

项目的实施，直接带动了项目区内肉牛养殖、有机农业种植及销售，实现了肉牛养殖产业化、科技化、规模化的发展，形成了农副产品品牌化、销售方式现代化、从业农民新型化的全新农业生产局面，促进贫困山区农业产业结构调整，实现 500 户肉牛养殖农户户均增收 10 000 元，300 户农业种植户户均增收 6 000 元，辐射周边农户增收 680 万元，社会效益显著。

（四）经验启示

1. 自养和租赁相结合的养殖模式，提升了当地肉牛养殖水平

华商恒益公司建设之初，起点高，投资大，不论是养殖场地选取还是牛舍布局、建造结构以及其他养牛生产设备，均按照国际化、高标准建设而成，自

养肉牛也是高端品质，因此，在饲料加工、饲喂技术、疫病防治、粪污处理等方面，均按照规范化、标准化组织生产。在此环境中，租户租赁公司的场地和设备等养殖自家肉牛，必然会按照公司的统一要求，进行标准化、规范化的饲养、疫病防疫以及粪污处理等，因此，养殖小区的形成，带动了肉牛养殖的标准化和规范化，提高了整体养殖水平。

2. 种养结合的一体化经营模式，推动了现代农业生态产业链的形成

早在 2014 年公司成立之初，公司便依托当地丰富的草、牧、土地、劳动力等资源，在政府农牧等部门的大力支持下，从农畜产品养殖和生态农业建设两方面同时起步，将肉牛产业链不断延伸，打造以肉牛养殖为核心的"绿色、生态、有机、可循环"的新型农牧业生产链条，带动了农牧业结构调整，提高了农牧业综合效益和市场竞争力，形成了以肉牛育肥为核心的肉牛繁育、养殖、饲料加工、粪污处理、生态有机种植的良性循环生态产业链，养殖与种植有机农产品于一体，实现了农业全产业链经营。

五、围场县肉牛养殖模式

（一）基本情况

围场县是全国肉牛养殖、繁育与市场交易的基地县，肉牛产业在帮助全县贫困户摆脱贫困、促进农民增收、农业增效等方面发挥着重要作用。该县以《脱贫攻坚两年行动方案（2018—2019 年）》为基础，按照"草食畜为主，规模化饲养、标准化生产、循环化发展"的原则，以肉牛产业扶贫项目建设为引领，提升全县肉牛标准化生产水平，通过开展目标程序化杂交改良，着力培育"塞罕坝牛"新品种，打造"塞罕坝牛肉"新品牌。

围场县以新瑞农业开发有限公司为龙头，带动 2018 年底在册未脱贫建档立卡贫困户稳定增收，新建存栏 2 000 头育肥牛标准化规模养殖场 1 个，新建存栏 3 000 头奶牛场 1 个，筹建肉牛屠宰加工生产线 1 个，大力加快推进生产方式和产业结构转型升级，建立上下游结合紧密、辐射带动能力强、利益分配机制合理的现代肉牛产业链。预计到 2021 年，全县肉牛饲养量将达到 60 万头，带动不少于 10 000 个贫困户稳定增收。经过几年的探索，新瑞农业开发有限公司形成了以下三种既能帮助贫困户摆脱贫困又能带动肉牛产业发展的养殖生产模式。

（二）创新模式与运行特征

1. "企担银贷户养"的合作共赢肉牛养殖模式

2020 年启动该模式，其运行机制如下：①新瑞公司为农户作担保从银行

获得贷款，农户用贷款从新瑞公司购买肉牛，农户买牛用多少资金就从银行贷多少款；②企业用卖牛的资金到市场上购买新的犊牛或者母牛进行繁育；③农户负责养殖肉牛并为肉牛投保（保费自担）；④企业与农户签署的合作合约期限为 3~5 年（与贷款期限相同），合约到期时养牛户要归还企业当初购买的 2 倍数额的牛；⑤贷款利息及贷款本金全部由企业负责偿还；⑥公司负责按照市场价格收购合作养牛户的犊牛（养牛户自愿）；⑦公司提供全程技术服务，主要是免费冻精冷配，未来将会提供统一饲喂技术。如图 2-5 所示。

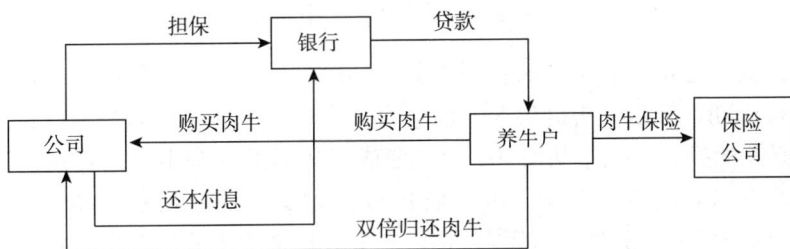

图 2-5　"企担银贷户养"下的合作共赢肉牛养殖模式示意图

　　该模式下公司与养牛户的获利点分析：以五年的合作期贷款购买一头牛为例，按照正常的繁育周期，假定一头母牛五年能繁育 5 头犊牛，养牛户的获利点在于由 0 头牛变成 4 头牛，公司的获利点在于 1 头牛变成了 2 头牛（但要扣除贷款本息），换句话说，养牛户利用五年的时间可获得 4 头牛的收益，公司利用五年的时间可获得不到 1 头牛的收益。从实际运行情况看，农户以公司为担保人从银行贷款购牛一般是 10~30 头。假定农户购牛 10 头且签署五年的合作期，未来五年农户可以获得 20 头牛的收益，按每头牛售价 2 万元计算，五年可获得 40 万元的毛收益。可见农户养牛的规模效益非常可观。公司的收益虽然相对较少，从单个合约来看是"公司得小头、农户得大头"，但是由于公司要与多个养殖户签署合作协议，公司也能够获得可观的规模经济效益。因此，这是一个双方合作共赢的肉牛养殖模式。

　　该模式的运行特征：①企业承担了未来肉牛价格下降的风险，养殖户的风险相对较小；②在带动农户养牛的同时解决了至少 2 个人的就业问题；③从整个肉牛产业来讲，假设每年发展 200 户养牛，每户养殖 30 头，一年可增加肉牛存栏量 6 000 头，从而扩大肉牛养牛规模，确保农民增收。2020 年公司已经与 200 户农户签署了信贷及购牛合同。

2. "托牛租赁份养"的肉牛养殖模式

　　该模式 2018 年启动。其运行机制：①公司提供西门塔尔基础能繁母牛；②农户租养，到期归还母牛；③租赁合约主要内容：租金每年 2 000 元，租期三年，可续租；10 头肉牛起租，最多不超过 30 头；④成年母牛繁殖的牛犊，在农户饲养出栏时由公司按照市场价格进行回收（自愿为前提）。如图 2-6 所示。

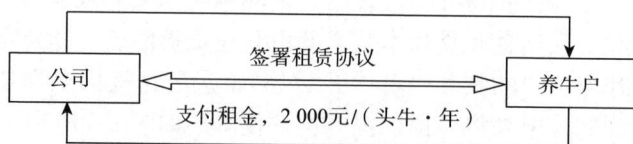

图 2-6 "托牛租赁份养"下的肉牛养殖模式示意图

该模式下公司与养牛户的获利点分析：以三年的租赁合作期为例，按照正常的繁育周期，假定一头母牛 3 年能繁育 3 头牛犊，养牛户的获利点在于由每年 2 000 元的投入（三年共 6 000 元）变成三年后的 3 头牛，公司获得连续三年的租金收入，共 6 000 元。由于农户可用购买一头牛的钱租养 10 头肉牛（目前市场价格为每头牛 2 万元左右），一般农户都会租养的更多一些，而且不仅仅是 10 头。假定农户租养 30 头牛，三年租养期结束后预计可获得 90 头牛，按市场价格每头牛 2 万元计算，可获得毛利 180 万元，扣除三年的租养成本 18 万元和其他养殖成本支出，可以预见养殖收益会很可观。从实际运行结果来看，两年多以来，公司已与 108 户农户签订租养合同，已租出肉牛 3 600 头。农户养牛积极性很高，极大地推动了围场县的肉牛养殖业发展，增加了农户收入。

该模式的运行特征：①企业与农户建立租赁合作关系；②租赁对象为生物活体——肉牛，这是与传统的实物租赁与金融融资租赁有着本质区别的新型租赁方式——生物活体租赁；③租赁繁殖饲养期间，公司提供母牛冷配服务，待牛犊出生后收取配种费（200 元）；④农户自担肉牛养殖过程中发生的疾病、死亡等风险；⑤租期结束时归还的是生物活体，这需要专业技术人员评估活体租赁物性能的改变情况。

3. "扶贫资金入股、肉牛集中寄养"的助贫养殖模式

该模式 2018 年启动。其运行机制：①政府为贫困户提供扶贫款；②贫困户以扶贫款入股公司，具体入股方式有两种，一种是将属于自己的贫困补贴款入股公司，公司确保按照 10％的固定收益率进行年底分红；另一种是按照一头牛的一定比例购牛，比方说贫困户获得的 6 000 元扶贫补助款，大概可以买到三分之一头的牛，贫困户则在拥有三分之一肉牛财产权的前提下将这头牛寄养在公司，年底获得三分之一肉牛增值收益；③公司对贫困户入股资金具有使用权，同时负责肉牛日常饲养、管理及销售工作。如图 2-7 所示。

图2-7 "扶贫资金入股、肉牛集中寄养"下的助贫养殖模式示意图

该模式的运行特征：①这是一种典型的肉牛产业扶贫模式；②扶贫款转化为股权投资可以确保贫困户获得长期稳定的收益；③把扶贫与产业发展结合起来，能够形成带动力量把肉牛产业打造成更强大的县域主导产业。

（三）围场肉牛产业发展经验与启示

1. 充分发挥金融服务的"金纽带"作用

在原"政银企户保"稳定合作模式的基础上，创新性地引入了龙头企业担保、合作入股、母牛租赁、供应链金融等金融服务新方式，使得龙头企业与农户之间的合作关系更加紧密，当地肉牛养殖规模得以迅速扩展。

2. 充分发挥了龙头企业的核心带动作用

新瑞公司作为龙头企业，不仅与养殖户形成利益共同体，双方建立起稳定的相互约束与督促机制，而且在风险分担机制上承担更多的责任，比如，在以母牛作为标的物的租赁合约中，合约到期时租养农户归还的是一头母牛，母牛价格下降的市场风险则全部由企业承担，彰显了龙头企业的社会责任担当，也使得当地的肉牛产业扶贫模式运行有了更加稳固、坚实的经济基础保障。

六、河北燕城以加工企业为龙头的肉牛产业化经营模式

（一）基本情况

河北燕城食品有限公司是一家集肉牛科学养殖、屠宰加工、冷链仓储和物流配送于一体的纯绿色全产业链现代农业产业化企业。地处定兴县金台开发区金台东路16号，公司成立于2017年，总投资2.5亿元，占地350余亩。其中燕园肉牛饲养有限公司占地50亩，建筑面积5 000平方米，年存栏肉牛3 000头，以饲养西门塔尔、夏洛莱、安格斯等肉牛改良品种为主。多年来，公司倾力打造了定兴县燕园肉牛饲养有限公司主经营的肉牛养殖基地、河北燕城食品有限公司主经营的食用农产品配送中心和北京信恒通达商贸有限公司主经营的肉食品加工等三大板块，建成了省级肉牛全产业链示范基地。

（二）运行特征

1. 屠宰加工为公司的主营业务

公司成立之日起自建日屠宰能力 100 头的肉牛屠宰线，现阶段实际日屠宰 50 头左右。

2. 屠宰牛肉销售市场稳定

牛肉主要供北京、上海等大城市。疫情期间，公司拓展线上销售业务，线上销售服务团队通过微信群、朋友群、高档社区服务群等方式拓展了一些优良的线上客户，公司的牛肉长期处于供不应求的预定销售状态。

3. 多渠道购置牛源，将育肥、屠宰与冷链配送融为一体

公司每年从东北、内蒙古等地购入 300～400 千克架子牛 2～3 批，育肥饲养 3～6 个月，活牛体重达到 650 千克左右出栏。2019 年出栏 2 759 头，出栏牛自行屠宰 1 500 头，其余活牛销往河南伊赛集团和广东东莞。

4. 注重科技研发

肉牛养殖基地与创新团队紧密合作，建立了"燕园肉牛养殖技术研发中心"，显现出了科研、新技术、新成果就地转化的良性产业发展势态。肉牛养殖基地在创新团队的指导帮助下，形成了集肉牛技术试验研发、安全高效养殖、优质牛肉屠宰加工分割、传统销售、微商直销等于一体的产业化经营模式。

5. 公司的发展对周边的肉牛养殖户有很大的带动作用

肉牛养殖基地与当地金融部门合作，为周边养牛场户提供信贷担保，养殖户获得了低利率的担保政策，解决养殖场户资金短缺问题，辐射带动了近 20 家养殖场户发展养牛。

（三）经验启示

1. 品牌建设至关重要

品牌建设是燕城肉牛产业化发展的突出亮点。公司作为食品生产与加工企业，经营伊始就首先通过了 ISO 9001 质量管理体系认证和 ISO 22000 食品安全管理体系认证。旗下的"燕城牛肉"品牌是经农业农村部、河北省认证的无公害产品，河北省清真理事会认证的清真食品。为了让广大消费者在网上放心订购直供配送牛肉，公司对外承诺，线上推出的所有牛产品，均来自自有屠宰场屠宰的西门塔尔肉牛，绝不屠宰淘汰奶牛、淘汰母牛、病死牛，绝不采用进口冷冻牛肉缓化调理冒充国内鲜肉，确保"燕城牛肉"高质高量。优良的产品品质和质量至上的服务态度为"燕城牛肉"的线上销售提供了坚实的信誉保障。

2. 长期坚持产品直销方式

长期以来，燕城牛肉加工产品以其细分割、高品质的特色主要供应北京、天津、上海、西安、江苏等大城市市场。一对一的直销方式使得客户对公司牛肉的信任度极高，产品长期处于供不应求的定销定产状态。2020 年以来在新冠肺炎疫情的不良环境下，更是积极拓展线上直销，通过"线上订货、线下直接配送"的方式，进一步开拓了保定及周边地区的牛肉消费市场。据不完全统计，截至目前，通过 QQ 群、微信群及其他平台建立的线上直销群达上百个。

七、望都、唐县"乳肉兼用"肉牛养殖模式

（一）"乳肉兼用"肉牛养殖模式简介

"乳肉兼用"肉牛养殖在国外由来已久。有研究表明，美国 40% 的肉都是牛肉，其中牛肉的 30% 来自奶牛，包括奶公犊育肥、淘汰母牛等。欧洲的家庭牧场，奶牛群的可肉用资源包括淘汰成年母牛、生长发育有问题的青年母牛和奶公犊，肉用育肥也是家庭牧场常规收益的重要组成部分。在我国，1998年农业农村部开始从国外引进德系西门塔尔冻精在辽宁、广西等地进行杂交改良实验，经改良后裔生产性能测试，新培育的乳肉兼用牛后代均表现出抗病力和适应性强、耐粗饲、生长发育快等优点。随着近两年猪肉价格的上涨和居民生活水平的提高，牛羊肉日渐成为百姓饮食中替代猪肉的重要产品，牛羊肉价格也随之上升。市场需求旺盛带动了部分奶牛规模养殖场开始着力发展淘汰母牛和奶公犊的育肥问题。河北省乳肉兼用肉牛养殖引入较晚，较有代表性的公司是唐县鑫丰牧业有限公司、望都兄弟牧业有限公司。

（二）"乳肉兼用"肉牛养殖的基本情况

望都县的兄弟牧业有限公司作为河北省奶业龙头企业，公司在 2019 年开始着力发展"乳肉兼用"弗莱维赫牛的养殖，引进新品种德系西门塔尔（弗莱维赫牛），与本场的荷斯坦奶牛交配生育出本场杂交一代。目前兄弟牧场有母牛 3 000 余头，杂交一代新品种牛犊 800 余头（2020 年 10 月底），现每月可稳定产 100 头新品种犊牛。据公司总经理介绍，公司饲养的弗莱维赫奶牛，具有饲养成本低、经济效益高的优点。弗莱维赫奶牛每天饲养成本在 40 元左右，较传统奶牛相比低 20 元；同时弗莱维赫奶牛体质好、寿命长，平均怀胎次数较传统奶牛相比多 1~2 胎，每胎带来的经济效益为 1 万元左右；弗莱维赫奶牛产奶质量高，每千克鲜奶市场售价高出普通鲜奶 0.1 元，因此，产奶收益也高于其他奶牛产品。弗莱维赫淘汰母牛残值（直接销售不育肥）所带来的经济

效益较传统奶牛相比也要高出 3 000～4 000 元（育肥后效益会更高）。弗莱维赫奶公牛育肥，同样具有饲养成本低、收益高的优点。断奶后的奶公犊，饲养成本每月 400～500 元，较传统肉牛相比低 100～200 元；出栏肉牛每千克出肉率在 0.45 千克左右，高出传统肉牛 0.075～0.1 千克；每千克牛肉售价高于传统牛肉 3～4 元。唐县鑫丰牧业有限公司原为一家小型的奶牛养殖企业，2019 年积极响应省畜牧局引进新品种的号召，率先引进德系西门塔尔肉牛新品种，发展乳肉兼用牛养殖，2019 年完成了由奶牛肉牛混合养殖向单一肉牛养殖的转变。公司总经理介绍，弗莱维赫肉牛耐粗饲、抗病力强、喂养成本低且出肉率高。2020 年出栏弗莱维赫肉牛 200 头，出售价格较传统的荷斯坦牛高 3～4 元/千克，平均每头牛收益高出 4 000～5 000 元。

（三）"乳肉兼用"弗莱维赫肉牛养殖的优势

弗莱维赫牛与传统肉牛养殖相比较，其优势体现在以下几方面：①养殖成本低。淘汰母牛和奶公犊由奶牛场自己生产提供，其中，淘汰母牛由奶牛转变成育肥牛所需的饲料调整适应期短，也不存在购置新牛的应激反应损失；奶公犊的饲养更是调整时间短，自繁自育，减少了购置架子牛的成本。②耐粗饲。普通品种的奶公犊在 2 个月断奶后吃草，弗莱维赫奶公犊半个月就能吃草；并且相同情况下食量小，饲料转化率高。③疫病少。一是品种自身的抗疫功能强，适应性好；二是奶公犊出生后，可食 1 个月左右的母乳后逐渐过渡到草食饲喂，与新购进犊牛相比较，减少了犊牛面临的身体发育、营养、环境等各个方面的应激反应，成活率高，成长性好，疾病少。④收益高。弗莱维赫牛淘汰育肥后按活牛体重定价，体重大，价格高。依据目前的市场价格预测，奶公犊育肥出栏的弗莱维赫肉牛活牛交易获利在 9 000 元/头，高出普通肉牛 3 000～4 000 元。⑤产肉量高。由于成年弗莱维赫奶牛体型较大，经育肥后，可达到利木赞和夏洛莱等大型肉牛的体重。专家测算 18 月龄弗莱维赫公牛屠宰率达 58%～59%。弗莱维赫牛一般 18 个月可以乳肉兼用也可以出栏（传统牛需再养 6 个月），生长期短，长肉快，经济效益高。

（四）经验启示

1. 乳肉兼用肉牛养殖是我国未来扩大肉牛养殖规模的必然趋势

在德国，奶牛养殖品种多样化的前提下，最主要的两大品种为纯乳用的荷斯坦（约 200 万头）和乳肉兼用的弗莱维赫（约 140 万头），弗莱维赫因其优秀的乳肉兼用特征，成为群体规模仅次于荷斯坦的德国第二大牛种。在美国，大众消费的肉品 40% 都是牛肉，其中 30% 的牛肉来自奶牛，包括奶公犊育肥和淘汰母牛。在我国，长期以来肉牛养殖的产肉量远远满足不了社会大众对牛肉的需求，每年都需要大量进口进行补充。弗莱维赫肉牛在我国的养殖实践证明，肉牛品质好、出肉率高、成本低、效益好，适合在我国生长繁育，因此，有必要大力推广乳肉兼用肉牛养殖方式。

2. 不仅增加了肉牛养殖的牛源，还提升了肉牛养殖品质和质量

众所周知，在我国奶牛的养殖条件要求非常高，不论是外部环境、养殖设备还是养殖技术、奶品品质等，都存在高质量、高技术、高品质的严格要求。奶牛养殖场拓展了奶公犊、淘汰母牛育肥养殖后，必然会给肉牛的生长带来有别于单纯肉牛养殖场的优良的养殖环境和养殖条件，这对于牛肉的质量和数量提升都会有很大的帮助。

3. 有助于推动我国奶牛业与肉牛业的融合发展

长期以来，受国内外市场价格波动的影响，我国奶业发展的效益波动较大。与奶业相比，我国肉牛市场比较稳定，根据国家肉牛牦牛产业技术体系的预测，我国牛肉市场将长期处于供不应求的状态，而且供求缺口呈现加剧的态势，近几年的牛肉价格也是不断上升。总的来讲，肉牛养殖风险小，经济效益稳定，发展肉牛养殖显得更有优势。据此，在奶牛养殖企业发展肉用牛的培育，或者独立繁育乳肉兼用肉牛，不仅有助于提高奶牛养殖企业的抗风险能力，而且还推动了我国奶牛产业和肉牛产业互相促进、互担风险、互利共赢的融合发展趋势。

专题三：河北省肉牛市场价格研究 （2019—2020年）

2019—2020年全国活牛及牛肉市场价格保持高位运行，价格峰值数次刷新历史纪录。河北省肉牛业在产能相对不足、消费需求持续强劲、牛肉走私打击力度持续加大、东南亚有限牛源持续消耗及非洲猪瘟入侵等多方面因素的共同影响下，供需平衡关系日益趋紧，养殖效益总体好于往年，肉牛业已全面步入"高价时代"。

一、河北省活牛与牛肉价格变化趋势分析

2017年至2020年，河北省活牛与牛肉市场周价格呈周期性上升趋势，活牛价格从2017年初的每千克22.98元上升至2020年末的每千克35.07元，累计上涨52.61%，年均涨幅约13.15%。牛肉价格从2017年初的每千克51.5元上升至2020年末每千克74.35元，累计上涨44.37%，年均涨幅11.09%。由图3-1可以看出，2019年至2020年，活牛和牛肉价格涨幅最大。

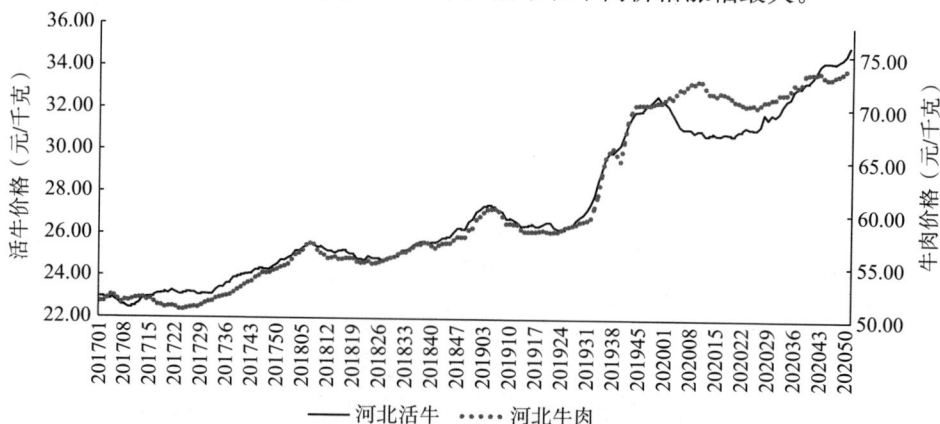

图3-1　2017—2020年河北省活牛和牛肉周价格走势图

数据来源：农业农村部畜牧兽医局网站每周数据。

（一）河北省活牛价格变化趋势分析

2019 年上半年，河北省活牛收购价格与往年走势相同，都在春节假期中形成一个小高峰而后逐渐下降，并在 3—6 月保持稳中有降的走势。按照历年周期特点，7 月份后活牛价格将逐渐回升直至年末，回升幅度较大以致年末价格一般会超越年初。2019 年 7 月以后，活牛收购价呈现出异于往年的快速上涨趋势，短短 18 周时间涨幅超过 20%。2019 年上半年活牛价格比 2018 年同期高 2 元左右，到下半年两年价格差逐渐拉大，2019 年 11 月与 2018 年同期价格差异达到 6 元，如图 3-2 所示。

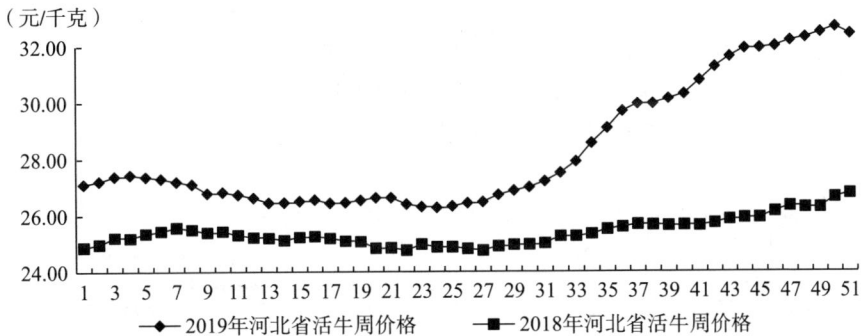

图 3-2　2018—2019 年河北省活牛周价格走势图
数据来源：农业农村部畜牧兽医局网站每周数据。

2020 年 1 月份开始河北省的活牛价格呈下降走势，2—6 月活牛的价格变动较为平稳，其中有小幅度的波动，维持在每千克 30～32 元，到第三季度从 8 月份开始活牛价格突破 32 元，并持续上涨，到第四季度 12 月末价格达到最高，为每千克 35 元。对比历年数据发现，相较于 2019 年，第四季度的价格走势趋于一致，2020 年活牛价格整体高于 2019 年，同比上涨 14%，在此基础上，价格变化幅度小，价格波动平稳（图 3-3）。

纵观 2020 年全年数据，河北省价格走势较为平稳，而天津市活牛价格波动幅度较大。第一季度、第二季度后期从 6 月开始河北省活牛价格持续低于天津活牛价格，2020 年 4—5 月，河北省活牛价格暂时超过天津市。与天津相比河北省活牛养殖量要高于天津，因此会导致河北省的活牛价格偏低，此外，由于两地的经济发展水平，居民消费水平的不同，造成河北省活牛价格低于天津，最后，河北省的饲料价格要低于天津市，所以综合原因导致河北省活牛价格低于天津且价格波动幅度小。但两地的活牛价格均在 9 月份开始呈现出持续上涨的趋势，并都在第四季度 12 月份达到年度的最高峰，随着居民消费结构的变化和活牛养殖成本的增加，活牛的价格变动趋于一致（图 3-4）。

（元/千克）

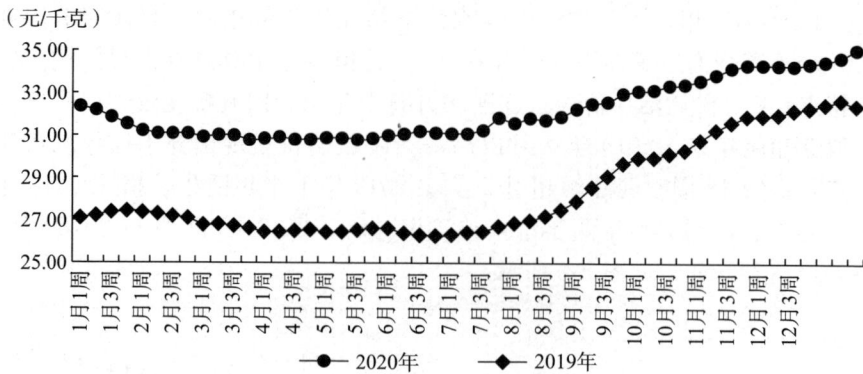

图 3-3　河北省 2019—2020 活牛价格走势图

数据来源：农业农村部畜牧兽医局网站每周数据。

（元/千克）

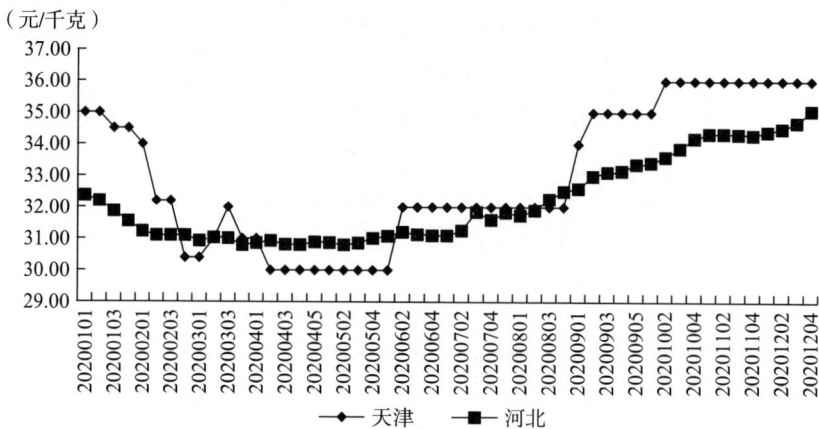

图 3-4　2020 年津冀活牛价格

数据来源：农业农村部畜牧兽医局网站每周数据。

（二）河北省牛肉价格变化趋势分析

与 2018 年同期比较，2019 年牛肉价格大幅提高。在 2019 年年初春节期间，牛肉价格延续 2018 年末上涨趋势，形成一个小高峰，达到每千克 60.53 元，随后快速下降至 58.4 元左右，一直保持至 6 月底。2019 年 7 月以来，牛肉价格先后经历了小幅回升、快速拉升并回落、再次快速拉升的走势，最终在 11 月达到每千克 70.46 元，相比年初上涨 16.41%。2019 年上半年牛肉价格比 2018 年同期高出 4 元左右，到下半年两年价格差逐渐拉大，2019 年 11 月与 2018 年同期价格差异达到 13 元左右（图 3-5）。

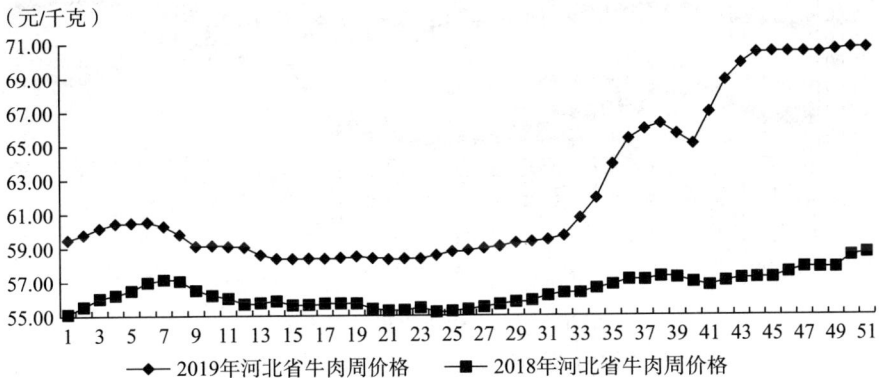

（元/千克）

图 3-5　2018—2019 年河北省牛肉周价格走势图

数据来源：农业农村部畜牧兽医局网站每周数据。

2020 年牛肉价格变动可分为三个阶段，1—4 月价格变动较为平稳，维持在每千克 71～72 元，5—7 月牛肉价格回落至 70 元左右，8—12 月牛肉价格持续上涨，并在 12 月底达到最高峰 75 元。与 2019 年相比，2020 年牛肉价格变动平稳，均高于 2019 年，同比增长 17％（图 3-6）。2020 年牛肉价格的变动趋势与活牛价格走势基本趋于一致，活牛价格变动是牛肉价格变动的直接影响因素。一方面是我国牛肉消费群体正在逐步扩大，人们对牛肉的需求量日益增加。另一方面随着疫情对生产的影响，也导致了牛肉价格的变动。2020 年京津冀牛肉价格见图 3-7。

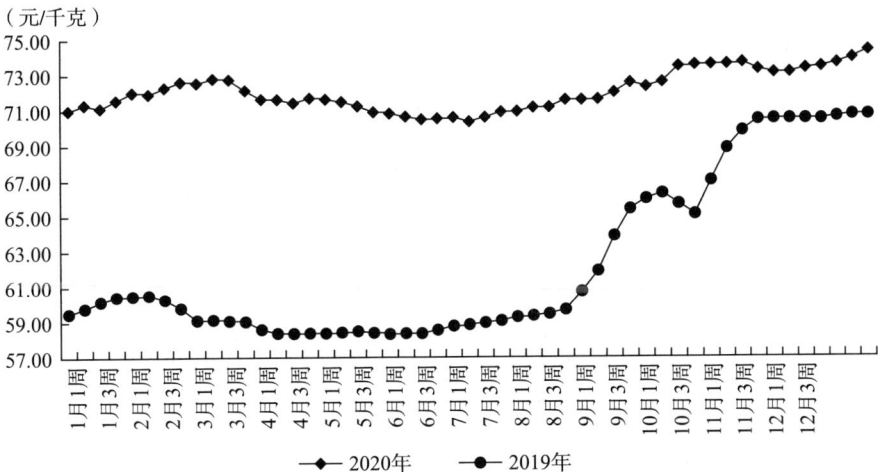

（元/千克）

图 3-6　河北省 2019—2020 年牛肉价格走势图

数据来源：农业农村部畜牧兽医局网站每周数据。

（元/千克）

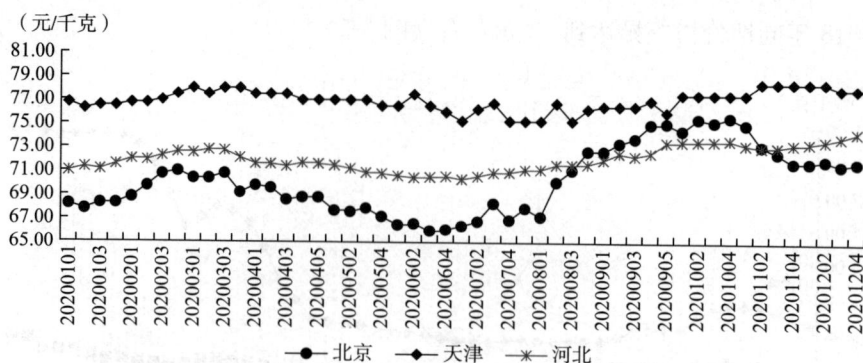

图 3-7　2020 年京津冀牛肉价格
数据来源：农业农村部畜牧兽医局网站每周数据。

二、养殖饲料价格变化趋势分析

2019—2020 年河北省肉牛养殖主要饲料玉米价格基本延续了 2017 年以来的稳定上涨的趋势，从 2017 年初的每千克 1.64 元上升至 2020 年末约每千克 2.51 元，累计上涨 53.05％，年均涨幅超过 13％。然而豆粕价格在 2017 至 2020 年间围绕每千克 3.2 元呈上下波动走势，并未呈现和玉米、牛肉、肉牛价格相同的持续上升趋势（图 3-8）。

图 3-8　2017—2020 年河北省玉米、豆粕周价格走势图
数据来源：农业农村部畜牧兽医局网站每周数据。

2020 年初受新冠疫情和需求量的影响，玉米的价格较低，之后随着生猪、活牛产能的逐步恢复，对饲料的需求增加，玉米价格逐步上涨；由于季节性因素，冬季玉米运输成本高，也带动了玉米价格的上涨。年初因遭遇了新冠疫情的影响，交通运输严重不畅，导致需方豆粕货源紧缺，价格上升；但随着复工复产的进行，大多厂家缺货已经得到缓解，价格有所下降，导致了上半年的大幅度波动。并且今年受到大豆进口减少的影响，我国市场上的大豆供应有限，以及农户和生猪、活牛养殖场的存储不断增加，导致豆粕价格在不断上涨（图3-9）。

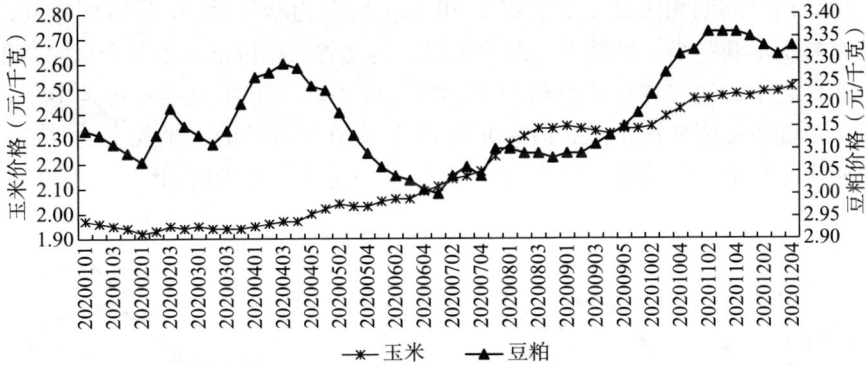

图 3-9　2020 年河北省饲料价格走势

数据来源：农业农村部畜牧兽医局网站每周数据。

（一）河北省豆粕价格变化趋势分析

2019 年河北省豆粕价格普遍低于 2018 年同期，受中美贸易摩擦影响，2018 年中国大幅增加进口巴西、俄罗斯等国家的大豆产品，进口来源更为广泛，供应更加充足，导致 2019 年初国内豆粕价格开始明显下跌。而非洲猪瘟造成的国内养猪业萎缩，饲料需求量进一步下降，同时加剧了玉米与豆粕等饲料价格的相对低迷。豆粕价格于 2019 年 4、5 月间回落至年内最低点每千克2.85 元，后期虽然小幅回升，但仍不及去年同期价格（图 3-10）。

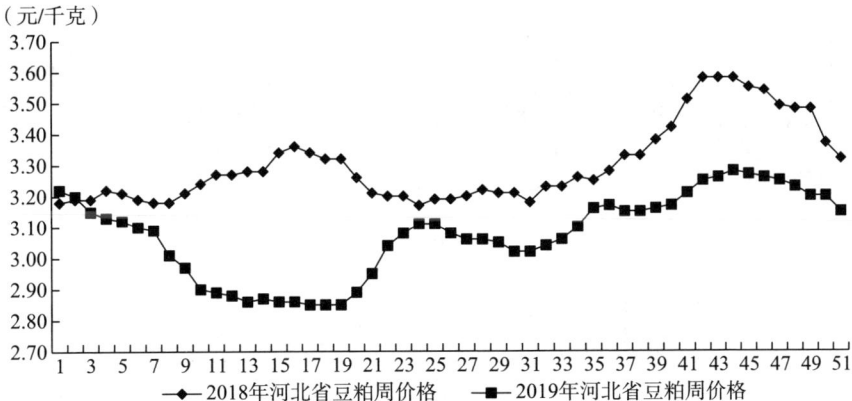

图 3-10　2018—2019 年河北省豆粕周价格走势图

数据来源：农业农村部畜牧兽医局网站每周数据。

2020 年豆粕价格变动幅度加大，尤其是在上半年豆粕价格波动剧烈，在 4—6 月呈现出价格大幅下降的趋势，从 4 月初的 3.29 元跌至 6 月末的 3.01 元。但 7 月开始价格有所回升，并逐渐上涨，到 2020 年 12 月份达到 3.33 元最高值。两年同期相比最大差距在 3—6 月，价差为 0.5 元，7 月后两年间的豆粕价格差距不断缩小，呈趋于一致的走势。河北省豆粕价格大致介于京津两地之间，相比之下，河北省豆粕价格的变动幅度较小。2020 年上半年都是由于疫情影响，后随着疫情好转、交通运输便利以及 2020 年种植的玉米大豆的收获，价格呈现出不断波动的趋势（图 3-11）。2020 年京津冀豆粕价格如图 3-12 所示。

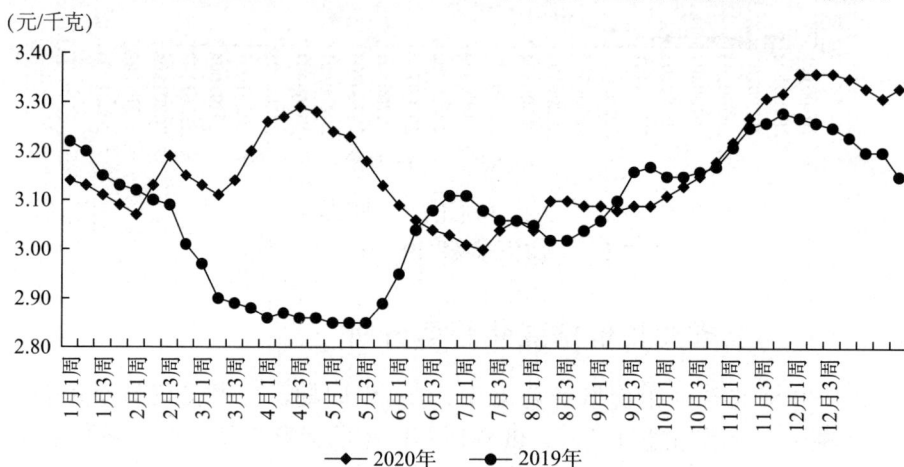

图 3-11　2019—2020 年豆粕价格走势图

数据来源：农业农村部畜牧兽医局网站每周数据。

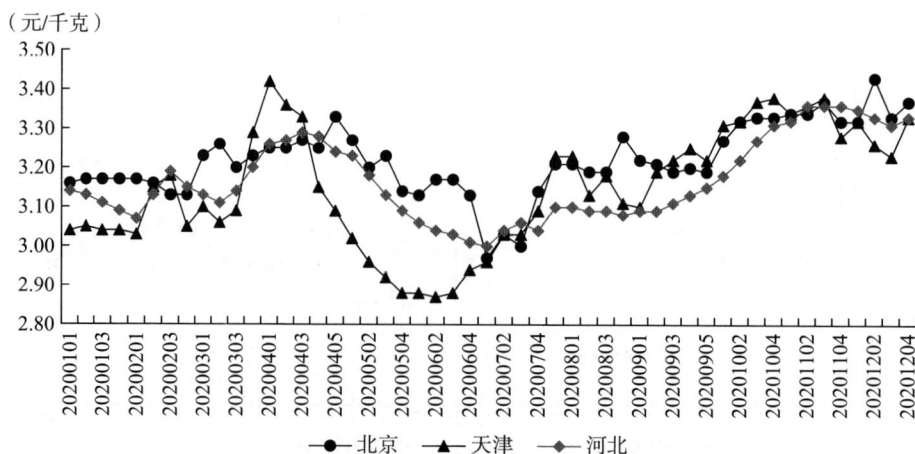

图 3-12　2020 年京津冀豆粕价格

数据来源：农业农村部畜牧兽医局网站每周数据。

（二）河北省玉米价格变化趋势分析

与豆粕价格的年初走势相同，河北省玉米价格于 2019 年第一季度快速下降，在 3—5 月份间跌至低于去年同期水平，最低降至每千克 1.81 元。随后 6—11 月快速上升至每千克 2.04 元，半年间涨幅达 12.71%（图 3-13）。

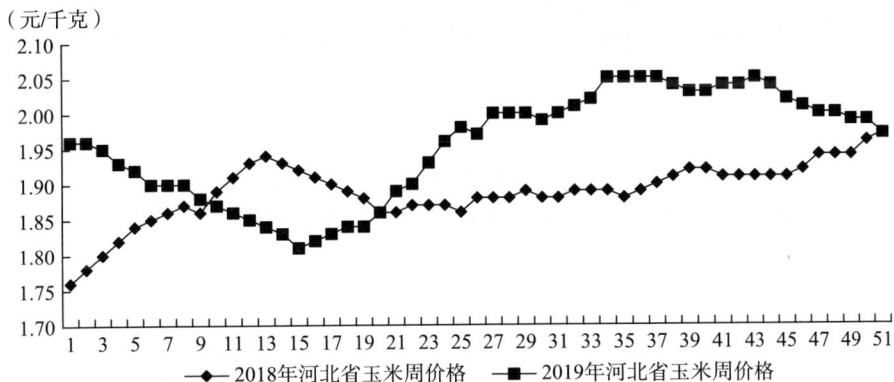

（元/千克）

图 3-13　2018—2019 年河北省玉米周价格走势图

数据来源：农业农村部畜牧兽医局网站每周数据。

2020 年上半年河北省的玉米价格较低但每周均呈上涨趋势，下半年开始逐渐突破 2.2 元并持续上涨，到 12 月末达到最高价格 2.51 元。与 2019 年相比，2020 年玉米价格呈逐渐上升趋势，波动幅度较小，玉米价格同比上涨 11%。从第四季度开始，两年的玉米价格差距逐渐拉开（图 3-14）。2020 年京津冀玉米价格走势趋于一致，但相较于京津两地，河北省玉米价格波动小且低于京津两地（图 3-15）。河北是玉米种植大省，产量较高，供应量大，因此价格较低。

2020 年初受新冠疫情和需求量的影响，玉米价格较低，后随着生猪、活牛产能的逐步恢复，对饲料的需求增加，玉米价格逐步上涨；由于季节性因素，冬季玉米运输成本高，也带动了玉米价格上涨。年初因遭遇了新冠疫情影响，交通运输严重不畅，导致需方豆粕货源紧缺，价格上升；但随着复工复产的进行，大多厂家缺货已经得到缓解，价格有所下降，导致了上半年的大幅度波动。并且今年受到大豆进口减少的影响，我国市场上的大豆供应有限，以及农户和生猪、活牛养殖场存储的不断增加，导致豆粕的价格在不断上涨（图 3-16）。

（元/千克）

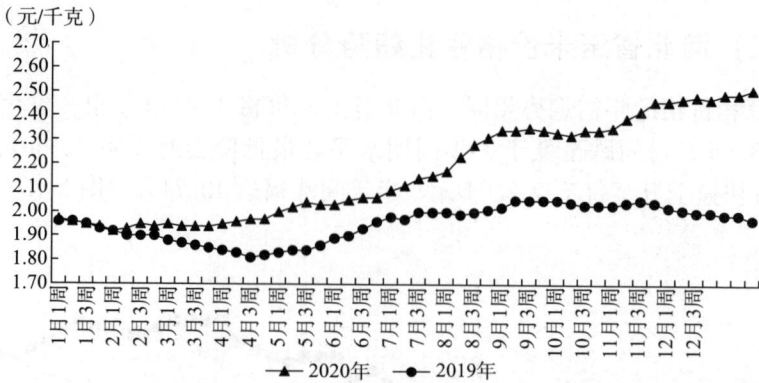

图 3-14　2019—2020 年河北省玉米价格走势图

数据来源：农业农村部畜牧兽医局网站每周数据。

（元/千克）

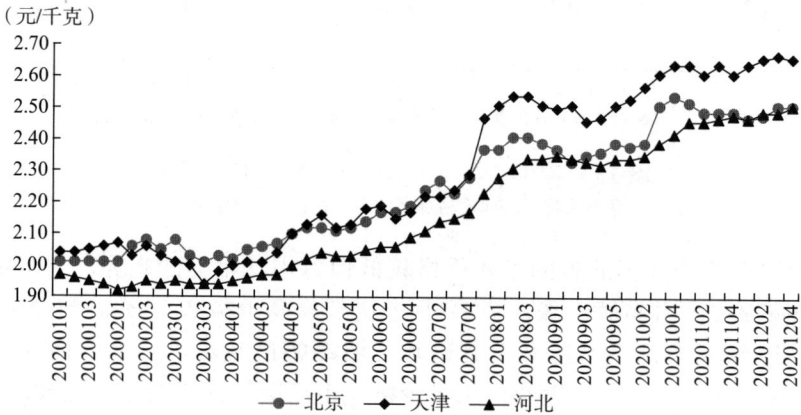

图 3-15　2020 年京津冀玉米价格

数据来源：农业农村部畜牧兽医局网站每周数据。

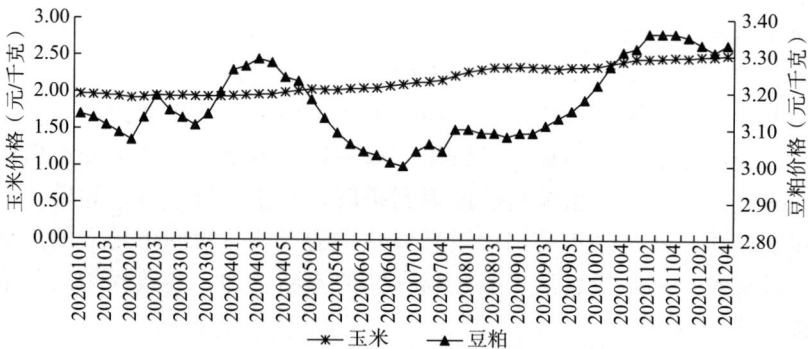

图 3-16　2020 年河北省饲料价格走势

数据来源：农业农村部畜牧兽医局网站每周数据。

三、进口牛肉对牛肉价格的影响分析

（一）我国牛肉进口情况分析

进入 20 世纪 90 年代以后，中国开始进口牛肉。2013 年以来，中国的进口牛肉量呈爆发式增长。1992 年，中国牛肉进口量仅为 1 000 吨，2012 年达到 8.6 万吨，到 2018 年已增长至 112 万吨。2019 年我国牛肉进口量继续增加，进口增幅进一步扩大，1—6 月中国进口牛产品 74.84 万吨，同比增加 50.86%，其中进口牛肉 69.78 万吨，同比增加 52.89%，进口价格为 4 666.13 美元/吨（33.38 元/千克），同比增加 0.71%；进口牛杂碎 1.28 万吨，同比增加 9.72%，进口国外牛肉价格明显低于国内市场。预计到 2020 年中国牛肉进口量将占到目前世界牛肉出口总量的 2/3 以上。

2000—2017 年，中国牛肉进口主要来源于澳大利亚、乌拉圭、新西兰和阿根廷等国。2018 年巴西超过澳大利亚成为中国牛肉首要来源国。2019 年牛肉进口贸易国主要有阿根廷、巴西、乌拉圭、澳大利亚、新西兰等国，1—6 月上述国家牛肉累计进口量占比分别为 21.71%、21.39%、20.32%、18.09%、14.56%。2019 年，纳米比亚牛肉首次进入中国，1—6 月进口牛肉 21.94 吨，6 月巴拿马对华出口首批牛肉发货。

（二）进口牛肉价格优势减弱

以 2018 年进口数据为例，我国当年进口牛产品 1 125 416.05 吨，总进口额 518 329.16 万美元，估算得出进口牛产品每千克价格 32.23 元。相对于国内牛肉价格，进口牛产品价格较低，有一定的市场竞争力。2018 年全国牛肉消费 794 万吨，进口牛肉占总消费量的比重较小，仅为 14% 左右，所以进口牛肉对国产牛肉的价格冲击尚不明显。

2019 年，世界肉牛养殖和牛肉市场都经历了较大波动。澳大利亚持续的干旱和洪水已经对该国牛群造成了损失，由此导致的饲料短缺和繁殖率下降致使母牛存栏减少，根据所提供的数据，牛群规模估计减少 5.5%～6%，这在一定程度上限制了澳大利亚牛肉出口能力，并提高了出口价格。乌拉圭近年实施了新劳动法，可能会提高牛肉加工成本，降低乌拉圭牛肉的价格竞争力。

与此同时，俄罗斯开放了巴西进口肉类；美国开放了阿根廷以及加大了巴西牛肉进口；英国和爱尔兰等国脱欧或面临食品短缺，脱欧后的英国可能会与中国及南美地区等国家达成贸易协议，这可能导致大量南美牛肉流入英国。所以俄罗斯、美国、英国等国家和中国在全球牛肉进口市场上将形成竞争关系，我国牛肉进口的供应数量将会趋于紧张，价格有上升趋势。

至此，所有指标都显示，中国对进口牛肉的需求将继续飙升，供需缺口日益增大，价格方面也将稳中见涨。

四、肉牛行业价格变化原因分析

（一）牛肉类产品需求量增加拉动价格上涨

牛肉作为健康营养食材，过去 30 年间，国内牛肉消费量显著增加，从 1987 年的 75.9 万吨，上升到 2018 年的 794 万吨。而中国人均牛肉年消费量已从 1987 年的 0.69 千克上升到 2017 年的 5.9 千克，增长了近十倍。牛肉消费在红肉中的占比从 1987 年的 4.08％上升到 2018 年的 11.22％。人均消费量从 4 千克增至 6 千克，但距世界平均水平 8 千克仍有差距。长期来看消费升级有望继续带动牛肉需求趋势性上升，即使按当前每千克 65 元的价格、13.95 亿人口估算，当达到世界平均消费水平时，我国牛肉消费量将突破 1 100 万吨，消费额将达到 7 000 亿元以上，未来还有 30％的增长空间。与此同时国民收入增加，居民可支配收入增长，牛肉即将成为普通肉类，牛肉消费日渐普遍。

（二）牛肉类产品供给短缺推动价格上升

我国肉牛养殖以小规模散养为主，养殖规模在 10 头以下的散户数量占比高于 95％，100 头以上规模的养殖户占比不到 0.5％，行业集中度非常低。由于无法形成规模经济，肉牛整体养殖效率低下，2017 年我国肉牛头均出肉量 143.8 千克，远低于世界平均水平 217.6 千克，与规模化养殖体系成熟的美国相差一倍多。我国肉牛存栏增长缓慢，价格飙升致使养殖户出栏意愿强烈，存栏短期内难以大幅提升。加上肉牛养殖周期长、生产效率低，养殖户很难在短期内大幅提升存栏水平。长期看来，国内肉牛供给严重不足，与日益高涨的消费数量形成巨大缺口，进一步推动价格不断上升。

（三）非洲猪瘟的替代效应刺激价格上升

河北省牛肉价格走势异于往常，除了季节性变化和消费习惯的改变外，受到替代产品价格的影响是主要原因。如图 3-17 所示，河北省猪肉价格自 2019 年初以来不断攀升，从第 31 周开始快速上升。牛肉价格受猪肉价格带动也出现了快速上扬。

非洲猪瘟在影响生猪产业发展的同时，猪肉价格也在持续高涨，再加上对猪瘟的恐慌，消费者对于猪肉的需求大大下降，更多的居民会优先选择牛肉或羊肉等，这时候牛羊肉等替代肉类需求量会有所上升，价格也会随之上涨。

（元/千克）

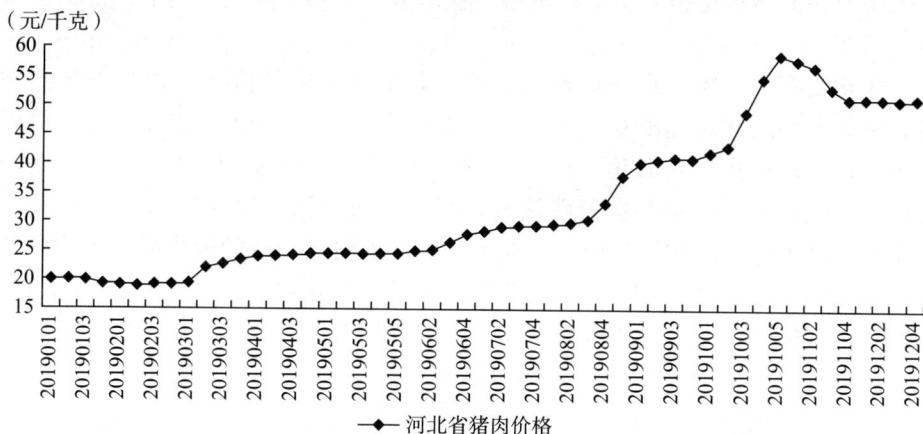

图 3-17　2019 年河北省猪肉价格走势图
数据来源：农业农村部畜牧兽医局网站每周数据。

（四）走私牛肉数量减少加剧供求矛盾

由于国内牛肉供给常年短缺，进口渠道不稳定等因素，据估计，目前国内走私冻肉的数量已经达到上百万吨，大量走私肉一方面对国内牛肉价格造成冲击，另一方面在一定程度上增加了牛肉的市场供给量。国家食品药品监督管理总局、海关、公安三部委联合公告称，未经检验检疫的冷冻肉品通过走私渠道进入国内市场，会给公众健康造成极大隐患，并危害我国畜牧产业安全。所以，2018 年以来，国家加大了对牛肉产品走私的打击力度，仅 2018 年海关共查证走私冻品约数十万吨，再加上各个市场监督局、公安局、交通执法队等部门查获的就更是数不胜数，因此对走私牛肉打击力度的加强会对我国牛肉市场的价格造成一些影响。2019 年两会期间，海关总署署长表示，2019 年海关将会强化源头监管和后续稽查，再次增大打击力度。由此受打击走私牛肉力度加强的影响，国内牛肉市场供给量下降，供求矛盾加剧。

（五）疫情反复影响价格波动

由于 2020 年初受疫情影响，活牛运输不畅，交易减少，导致年初第一季度活牛价格的持续下降，随着缓慢的复工复产，和活牛养殖出栏时间的影响，第二季度市场上活牛交易并没有明显增多，活牛价格保持平稳的波动趋势，第三季度价格开始上涨，随着饲料、人力等成本出现大幅上涨，导致肉牛养殖成本增加，加之养牛前期投资大、肉牛生长周期长等因素的影响，可出栏的育肥牛数量较少，造成肉牛存栏量大幅下滑，活牛供应量出现短缺。与此同时，肉牛收购企业的增多也推高了牛肉价格。在需求大、供应少的情况下，价格会持续上涨。

年初受疫情影响，在政府宏观调控下，牛肉价格保持一个较为稳定的波动，随着疫情的好转逐步复工复产，牛肉的供给量开始加大，但需求量相对保持不变，造成价格相对回落，2020 年底受节假日的影响，以及伴随着疫情防控的常态化，省内各类餐饮消费恢复，促使牛肉价格阶段性上涨。2019 年末受猪肉价格上涨的影响，牛肉逐渐成了居民日常肉类消费的替代品，致使牛肉2020 年整年的价格都处于一个比较高的水平。随着居民可支配收入的增加，消费习惯的转变，对牛肉等健康食品有了更多的需求，综合多种原因致使牛肉价格整体高于 2019 年，保持一个连续上涨的趋势。

2020 年受疫情对世界的影响，我国的牛肉进口量大幅度减少，走私减少，我国海关对进口食品的严格检查，尤其是冷链食品，外包装呈阳性的产品不断出现，导致进口减少，流入国内市场的产品更少，仅依靠国内牛肉的供给来满足国内市场的需求，难以出现供需平衡，尤其临近各种节假日，需求在一定程度上大于供给，因此导致牛肉价格持续上涨。

五、河北省肉牛产业存在的问题

（一）牛肉产品形式单一，受季节性因素影响较大

河北省低端牛肉产品比重较高，仍以传统牛肉为主，同质化严重。牛肉产品主要以热鲜肉的形式供应商贸市场及超市，简单初级加工的牛肉产品附加值较低，牛肉消费受季节因素、节假日因素及饮食习惯因素影响较大。河北省消费淡季价格下降明显，且持续时间较长，降低了牛肉产品的收益率。高档牛肉生产加工能力较弱，产业链较短，不能满足差异化消费需求，在市场上难以实现产品分级和优质优价。

（二）尚未形成品牌优势，品牌附加值较低

河北省牛肉产量大但质量不高，没有形成本区域的优势牛肉品牌，虽然建立了福泽、北戎等省内外较有影响力的品牌，但是其品牌影响力、营销创新能力和辐射带动能力严重不足。河北省与周边省市、全国平均价格相比牛肉价格偏低，不能形成行业超额利润。随着国民生活水平的提高及消费方式的转变，经济发达地区对高档、品牌牛肉的需求倾向越发明显，对品牌牛肉价格的接受度逐步提高。在京津冀协同发展的趋势下，如何利用好河北省的区位优势提高牛肉生产效益，是亟待解决的问题。

（三）饲料价格波动较大，影响行业稳定性

饲料价格的波动会影响肉牛养殖者的生产稳定性，价格的大幅上升，会带动肉牛养殖成本的提高，在活牛价格、牛肉价格涨幅不高的情况下，将会挤压肉牛养殖者、加工者的利润空间。2019 年以来，受国际贸易摩擦和对未来市场预期的影响，肉牛养殖的重要饲料玉米、豆粕价格波动幅度较大，并且与历年走势不符，造成养殖者养殖成本的不确定性增大，进而影响肉牛及牛肉市场价格和获利能力。

六、发展河北省肉牛产业的对策建议

（一）延长产业链，促进生产对接消费市场

培育规模新型经营主体，深化、细化肉牛产业分工，促进标准化和规模化，释放规模化经营在节本增效中的作用。促进当地屠宰加工企业向养殖环节延伸，加强与合作社订单养殖模式，密切养殖与屠宰加工环节的联系。瞄准市场消费需求，加强科学养殖，在数量、品种、质量等方面满足市场需求，逐步建立可追溯体系，以市场为导向组织生产和流通。

（二）依托区域优势，发展河北省牛肉品牌

河北省地处京津冀协同发展核心区域，肉牛产业发展应依托区域优势，开展品牌创建，面向京津开拓差异化高端市场。完善区域营销规划，形成品牌体系。以品牌促收益，通过农博会、展览会、洽谈会等形式，做优做精特色品牌，做大做强企业品牌，奖补企业品牌，带动企业的积极性。提供能满足现代生活需求的高品质牛肉产品，提高河北省牛肉销售价格和生产效益，缩小与全国平均水平的差距。

（三）加强关联市场预警调控

完善替代品及原饲料市场预警与调控机制。将牛肉市场的预警调控与猪肉、鸡肉、羊肉等替代品，玉米、豆粕、小麦麸等原饲料的预警调控机制有效结合，确保整个畜牧业及价格系统平稳运行。

专题四：河北省肉牛规模养殖现状调查及发展对策

河北省是全国养牛大省，是我国肉牛中原主产区主要省份之一。据统计，2018 年河北省肉牛存栏 199.3 万头，位居全国第 16 位；出栏 345.6 万头，位居全国第 4 位；牛肉产量 56.46 万吨，位于全国第 3 位。河北省位于中纬度地带，气候温暖，毗邻北京、天津和雄安新区，在气候、科技、资源等对于肉牛规模养殖均有一定的优势。牛肉作为中高端畜产品，营养价值高，又富含蛋白质、氨基酸和矿物质，具有补中益气、滋养脾胃、强健筋骨的作用，同时其所含脂肪比较低。这就带动了人们对牛肉需求的增长。需求增加要求肉牛产业必须紧跟形势变化。然而，河北省肉牛养殖业却持续低迷，规模养殖水平发展缓慢，难以契合市场需求。因此需要河北省肉牛产业转变现有模式，走标准化、适度规模化、集约化、工业化、生态化的现代化道路，加快现代畜牧业体系建设。河北省应紧跟市场需求，推动河北省肉牛养殖向适度规模方向发展。

一、河北省肉牛规模养殖发展环境分析

（一）河北省肉牛规模养殖宏观环境分析

宏观环境主要包括：政策法律环境、经济环境、技术环境和社会环境。河北省的肉牛养殖宏观环境对河北省肉牛养殖业发展具有重要导向作用。

1. 肉牛养殖业政策法律环境分析

政策和法律的引导对河北省肉牛养殖业的发展有着重要的推进作用。河北省政府鼓励农户建设专业化养殖基地，对建立一定数量规模以上的养殖基地给予税收优惠和相关费用减免，还会对当地农户经营者进行定期指导和水电费优惠补贴，使其能更好地开展农业养殖项目，推动当地经济更好更快地发展。

河北省人民政府关于加快现代畜牧业发展的意见明确指出：把畜牧业作为农业重点产业，不断加大支持力度，引导发展标准化规模养殖，培育壮大龙头

企业，全省畜牧业实现稳步发展。瞄准市场需求，加大品种改良力度，推广快速育肥技术，在山区和坝上地区建设肉牛繁育基地，在粮食主产区建设育肥基地，在平原农区和丘陵地区加快发展肉牛生产。推广西门塔尔、利木赞、夏洛莱三大品种，因地制宜发展肉牛及乳肉兼用品种。

河北省现代农业发展"十三五"规划中就明确提出：大力发展饲草等经济作物，要粮草兼备、农牧结合、循环发展，促进种养结合。以"稳猪禽、强奶业、扩牛羊"为主要思路，调整畜牧业结构，使得基础母畜存栏逐步恢复和发展，产业布局进一步优化，标准化规模养殖水平明显提升，综合生产能力显著增强。

2. 肉牛养殖业经济环境分析

和平与发展是当今时代的主题，随着十三五规划的逐步完成，全面建成小康社会的推进，中国稳定的经济为河北省经济发展创造了良好条件，河北省十三五规划指出：习近平总书记亲自推动的京津冀一体化发展的战略部署，第一次把河北省全部区域纳入国家发展大计中，为河北省发展提供了难得的历史机遇，依托中央对京津冀一体化的部署，为河北省加快转型、加快发展注入了前所未有的活力和动力。国务院批复实施的《环渤海地区合作发展纲要》，为河北省在更大的区域开展更广阔的合作奠定了基础。虽然整体经济环境良好，但是目前出现的中美贸易摩擦，国际金融危机等的影响仍不可小视，现代化农业正在逐步规划建设，未来畜牧业大趋势依然是将畜牧业建设成为具有规模化、专业化和标准化的现代化畜牧产业。

3. 肉牛养殖业技术环境分析

在肉牛养殖技术方面，河北省农业农村厅鼓励肉牛养殖业向规模化发展，但是目前河北省肉牛养殖业依然以小规模养殖户和散养户为主，河北省肉牛养殖业整体技术水平偏低，小规模养殖户技术条件薄弱，只有少数大规模企业，肉牛龙头企业管理水平和技术水平比较高，具有现代化的养殖技术，而大多数小规模养殖户还是依靠传统的养殖经验和养殖方式进行肉牛养殖，饲料也没有科学搭配，牛舍也没有干净卫生的环境，养殖人员也缺乏专业饲养知识和技术水平。

在十二五期间，河北省投入 4.8 亿元进行畜牧业发展建设，建立专业种牛养殖基地，引进原种和良种改良，改造 1 个省级种公牛站、完善 11 个市级精液配送中心、3 000 个配种站，实现肉牛人工授精网络全覆盖。新建肉牛检测中心，全面开展种畜禽质量监测工作。推广西门塔尔、利木赞、夏洛莱三大品种，因地制宜发展肉牛及乳肉兼用品种。

河北省积极推进龙头企业的发展，引进国内外先进管理技术，推进现代化肉牛屠宰加工程序，加强肉牛卫生检疫的建设。

4. 肉牛养殖业社会环境分析

社会环境指生存和发展的环境，具体而言就是各种公众关系网络，包括人口、民族等，而这些基础因素对肉牛养殖业发展以及牛肉消费有着重要影响。

截至 2017 年底，河北省拥有常住人口 7 520 万人，其中城镇人口 4 136 万人，乡村人口 3 383 万人（数据来源于国家统计局）。而河北省是一个少数民族人口较多的省份，截至 2015 年底，全省共有 55 个少数民族，少数民族人口 345 万人，占全省总人口的 4.64%，河北省的少数民族中，满族、回族、蒙古族、朝鲜族为世居民族，其中满族人口最多为 2 436 371 人，占全省少数民族总人口的 70.53%，其次是回族。河北省共有 6 个民族自治县（孟村回族自治县、大厂回族自治县、青龙满族自治县、丰宁满族自治县、围场满族蒙古族自治县、宽城满族自治县）、3 个民族县（滦平县、隆化县和平泉市）、50 个民族乡和 1 393 个民族村。

河北省少数民族历史悠久，长期以来，各族人民和谐相处，在肉牛消费方面比较积极，肉牛饲养历史悠久。

（二）河北省肉牛养殖业微观环境分析

微观环境主要涉及：供应方、购买者、新进入者、替代品以及行业竞争者五个方面，对于肉牛养殖业来说，这五个方面与肉牛养殖业的发展有着相通的地方。

1. 肉牛养殖业供应方分析

肉牛养殖业处于肉牛产业链的上游，在供给与需求方面，肉牛养殖户是牛肉的主要供给方，在供给方面，养殖户水平决定着肉牛品质，而肉牛品质决定着牛肉质量，对需求方有着重要的影响，以前，河北省牛肉产量一直排名河南、山东之后，位居全国第三名，直到 2014 年内蒙古以微弱优势超越河北省，把河北挤出前三名。总体上来说，河北省作为全国牛肉生产大省的地位没有动摇。而且十几年以来，河北省牛肉产量一直稳定在 52 万～59 万吨。这对于河北这一人口大省的牛肉消费至关重要（表 4-1）。

表 4-1 河北省及主要省份牛肉产量（2009—2018 年）

单位：万吨

省份	2009	2010	2011	2012	2013	2014	2015	2016	2017	2018
全国总计	626.18	629.07	610.71	614.75	613.09	615.72	616.89	616.91	634.62	644.06
河南	83.97	83.05	82	80.44	80.56	82.1	82.6	83.01	35.04	34.08
山东	69.63	68.66	66.23	66.96	67.9	66.61	67.87	66.99	75.93	76.38
内蒙古	47.4	49.71	49.73	51.17	51.79	54.53	52.89	55.59	59.48	61.43
河北	55.26	58.08	54.46	55.3	52.3	52.4	53.19	54.25	55.6	56.46

数据来源：国家统计局网站。

2. 肉牛养殖业购买者分析

从肉类消费总量看，除了四川省外，其他省的消费水平无论城镇还是农村，各省之间差异不大，相对来说，城镇居民肉类消费稍多于农村居民。牛肉消费除了新疆和青海外，其他省份城镇居民牛肉人均消费量大大高于农村地区。

从以上各省牛肉消费来看，无论城镇还是农村，在牛肉消费占肉类消费的比重上，新疆和青海都遥遥领先，分别排名第一位和第二位。这与他们的民族特点、生活习惯有很大关系。

河北省牛肉消费在全国处于中等偏下水平，城镇牛肉消费占肉类消费之比为 10.43%，农村牛肉消费占肉类消费之比为 3.14%（表 4-2），可见，河北城镇居民对牛肉的消费能力和消费水平远远大于农村居民。一方面的原因是受居民消费习惯的影响，农村居民更习惯消费其他肉类，如猪肉、鸡肉；另一方面原因是农村居民收入水平偏低，对价格相对较高的牛肉消费不起。这一状况说明目前河北省牛肉消费对肉牛养殖业发展拉动能力不强。但随着居民可支配收入的不断提升，河北省居民，尤其是农村居民的牛肉消费潜力巨大。

表 4-2　2017 年河北省及主要省份居民人均牛肉消费量

单位：千克/人

省份	城镇			农村		
	肉类	牛肉	占比	肉类	牛肉	占比
四川	43.8	2.7	6.16%	38.9	0.6	1.54%
陕西	17.4	1.1	6.32%	10.8	0.2	1.85%
河北	23	2.4	10.43%	15.9	0.5	3.14%
辽宁	29.9	3.6	12.04%	22.3	0.7	3.14%
吉林	23	3.3	14.34%	19.5	0.9	4.61%
青海	25.4	5.4	21.26%	24.9	5.2	20.88%
新疆	24.3	5.5	22.63%	19.3	3.8	19.69%

数据来源：《中国统计年鉴 2018》。

3. 肉牛养殖业新进入者分析

肉牛养殖业的新进入者有两方面因素：第一是肉牛良种的进入，第二是新的养殖者的进入。在肉牛品种方面，河北省目前主要的肉牛品种为西门塔尔牛、夏洛莱牛和利木赞牛以及各种杂交品种。西门塔尔牛长势快、耐寒、耐粗饲、个体大、圈养优势明显；夏洛莱牛生长速度快、产肉性能好、杂交效果好；利木赞牛生长速度快、抵抗能力强、适应能力强。而这几种牛的品种特点主要为育肥速度快、体型大。而在新养殖者方面，随着生活水平的提高，人们对高品质牛肉的需求也在逐渐地提高，这就加大了对高品质肉牛的需求。由于中美贸易战导致进口美国牛肉关税增加了25％，另外对进口澳洲牛肉的支持力度也没有往年大，这样便会影响到进口牛肉量的稳定，虽然最终进口牛肉量可能不会减少太多，但是国内牛肉供需缺口不断增加的情况下对国内牛价的影响较大。这对于河北省肉牛养殖户来说也是一个不小的威胁。

4. 肉牛养殖业替代品分析

从河北省畜牧品消费上来看，肉牛养殖业的替代品主要为猪肉、羊肉、禽肉和水产。而从近几年消费结构来看，这些肉类的威胁正在逐渐降低，随着人民生活水平的提高，牛肉以其独有的营养价值获得消费者的青睐，需求量逐年提高。而猪肉、禽肉等的竞争力主要体现在价格、饲养风险和饲养成本上。由表4-3数据可知，牛肉产量虽然比较稳定，但是相对于河北省需求来说相差较大，来自猪肉和禽肉的威胁依然不容小视。

表4-3　河北省猪牛羊禽基本情况

项目	2013	2014	2015	2016	2017
牛存栏（万头）	351.69	356.84	360.31	340.74	359.53
牛出栏（万头）	325.25	320.62	325.42	331.93	340.49
牛肉产量（万吨）	52.3	52.41	53.2	54.25	55.64
生猪存栏（万头）	2 052.89	2052	2 015.93	1 982.52	1 957.8
生猪出栏（万头）	3 666.39	3 897.78	3 837.12	3 742.57	3785.3
猪肉产量（万吨）	281.76	301.27	297.18	289.26	291.5
羊存栏（万头）	1 435.56	1 502.99	1 425.09	1 359.77	1 228.09
羊出栏（万头）	2 076.87	2 155.73	2 216.12	2 259.7	2 168.91
羊肉产量（万吨）	28.66	29.97	31.13	31.75	30.09
家禽存栏（万只）	37 677.83	39 255.44	38 421.61	39 260.59	39 653.22
家禽出栏（万只）	59 315.3	60 491.67	59 388.56	61 875.29	60 637.78
禽肉产量（万吨）	87.71	89.52	88.43	92.13	90.29

数据来源：河北省畜牧业生产情况农普核定数据2013—2017。

而仅从存栏量来看，河北省近几年畜禽存栏量比较稳定，没有出现大的波动，存栏量最多的是家禽存栏，在2013—2017年五年中稳居第一，排在第二的是生猪存栏量，排在第三的是羊存栏量，而肉牛存栏量则排在最后（图4-1）。

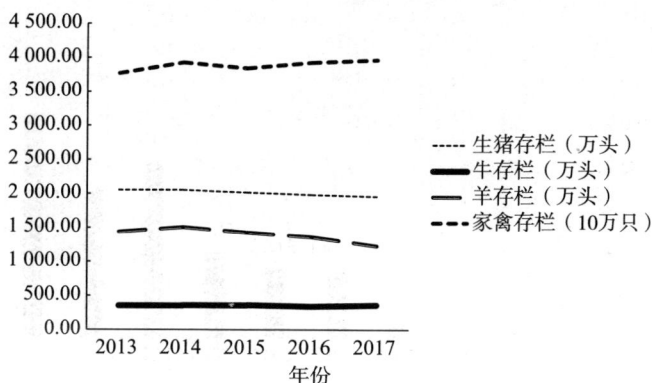

图 4-1 2013—2017 年河北省畜禽存栏量

数据来源：河北省畜牧业生产情况农普核定数据 2013—2017。

5. 肉牛养殖业行业竞争者分析

在市场经济体制的大背景下，任何行业都存在着竞争，随着河北省经济与科技水平的不断提高，肉牛养殖业的竞争压力也越来越大，老资格养殖户，拥有自己的销售关系网络，龙头企业的发展，势必要不断地兼并劣势养殖户与发展不好的养殖小企业，逐渐向着规模化、一体化发展。而随着国家与世界联系的紧密，国际贸易的发展、牛肉进口的增加及国内牛肉价格水平等都是行业竞争重要的影响因素。

由图 4-2 可见，2018 年牛肉价格较 2017 年同期普遍上涨 4.4 元左右，最低价格出现在第 1 周和 24 周，即 1 月上旬与 6 月中旬左右，最高价格出现在年末 12 月下旬，夏冬季节差异较明显。全年涨幅 6.44%，低于活牛价格涨幅。

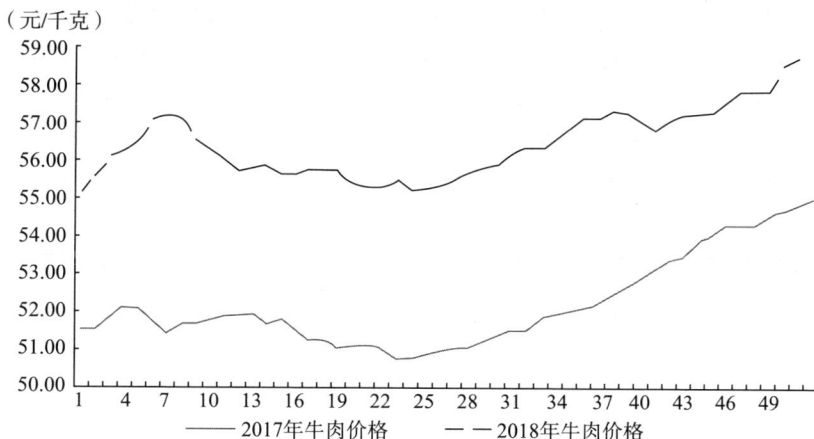

图 4-2 河北省牛肉周价格

数据来源：河北省农业农村厅。

（万吨）

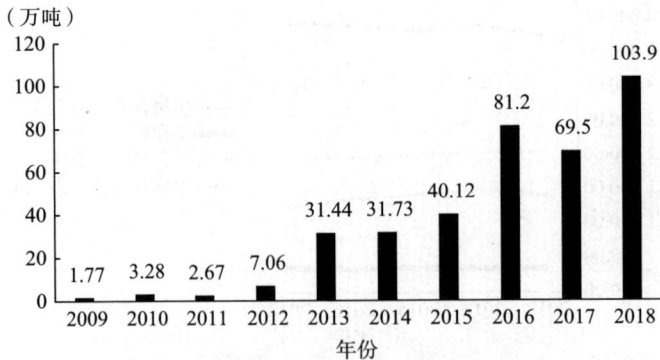

图 4-3　中国牛肉 2009—2018 年进口量

数据来源：中国海关总署。

　　由于国内肉牛供需不平衡，牛肉进口的依赖性越来越大。在 20 世纪 90 年代以前，我国牛肉市场能够自给自足。进入 20 世纪 90 年代以后，我国开始进口牛肉，特别是 2013 年以来，我国进口牛肉量呈爆发式增长。2009 年我国牛肉进口量仅 1.77 万吨，2012 年达到 7.06 万吨，2016 年已增长至 81.2 万吨，增长了将近 12 倍（图 4-3）。

二、河北省肉牛规模养殖发展现状及优势分析

　　河北省是全国养牛大省，是我国肉牛中原主产区的主要省份之一。据统计，2018 年底，肉牛存栏量为 199.3 万头，同比增加 1.5%，位居全国第十六位；出栏量为 345.6 万头，同比增加 1.5%，位居全国第四位；牛肉产量为 56.5 万吨，占全国牛肉总产量的 7.6%，位居全国第三位；年出栏 1～9 头占合计比重 53.87%，整体规模化程度不高；胴体重大约为 204 千克，加拿大、美国、欧盟分别 392.7 千克、371.2 千克、284.3 千克，世界平均为 209.6 千克，中国平均为 139.8 千克；屠宰率 50% 左右，净肉率 42% 左右，美国净肉率为 55%。目前已建成两个公牛站点，58 头种公牛，每年生产超过 80 多万只冷冻精子，全省建有 2 495 个冷配站点。粗饲料主要是黄贮和玉米秸秆，精料主要是玉米面或酒糟。疾病防控主要是口蹄疫，布病防控较少。

（一）河北省肉牛规模养殖现状

1. 河北省肉牛生产基本情况

（1）河北省肉牛年末存栏和出栏情况。自 2009 年到 2011 年年末存栏逐年

下降，其中 2009—2010 年下降最多，由 2009 年的 174.3 万头下降到 2010 年的 157.8 万头，2012 年小幅度增长，2013 年小幅度下降后一直到 2018 年均在逐年增加，其中 2016 年到 2017 年增加了 21.47 万头，增幅较大。从总体来看，相对于 2009 年河北省肉牛年末存栏整体上升了 14.3%。而肉牛出栏量变化幅度更小，总体呈现先上升后下降再上升的趋势，变化幅度不大。2009 年出栏量为 344.3 万头，2018 年为 345.6 万头，为 2009 年出栏量的 100.38%（图 4-4）。

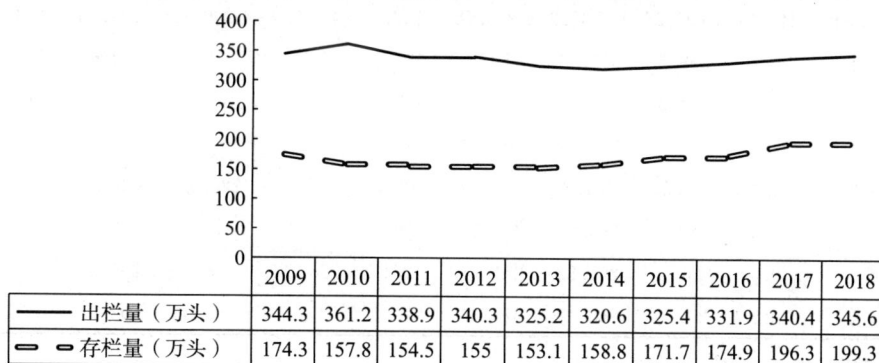

	2009	2010	2011	2012	2013	2014	2015	2016	2017	2018
出栏量（万头）	344.3	361.2	338.9	340.3	325.2	320.6	325.4	331.9	340.4	345.6
存栏量（万头）	174.3	157.8	154.5	155	153.1	158.8	171.7	174.9	196.3	199.3

图 4-4　河北省肉牛存出栏情况

数据来源：河北省农业农村厅。

自 2008 年以来，河北省肉牛存栏量一直不高，增长缓慢，但始终占全国的份额的 2%～4%（表 4-4）。2017 年河北省肉牛存栏量仅为 196.38 万头，在全国排在了第十六位。相对于存栏量，河北省的出栏量自 2008 年以来一直名列前茅，保持 320 万～370 万头的出栏量，始终排在全国第三至第四位（表 4-5）。

表 4-4　2008—2016 年肉牛存栏量统计表

单位：万头

年份	2008	2009	2010	2011	2012	2013	2014	2015	2016
全国总计	5 253.3	5 918.8	6 738.9	6 646.38	6 698.1	6 838.6	7 040.9	7 372.9	7 441
云南	301.8	401.5	666.24	669.95	675.1	658.9	681.3	688.2	721.8
河南	648.8	657.5	634.2	612.91	602.7	610.1	626.6	650.4	620.8
四川	573	633.6	440	490.3	477.4	487.9	529.4	561.8	552.8
青海	392.3	389.9	406.35	401.65	396.4	423.6	427.1	429.6	457.9
西藏	483.3	392.6	458.42	461.9	451.3	467.5	467.5	471.3	466.6
河北	210.75	174.38	157.85	154.53	155	153.11	158.83	171.77	174.91

数据来源：河北省农业农村厅。

从河北省肉牛出栏量和年末出栏量的关系可以看出，河北省在肉牛养殖模式上是以购买架子牛育肥为主。全国平均肉牛出栏与年末存栏之比为 0.69，而河北省肉牛出栏与年末存栏之比高达 1.90。这与河北省本地养殖习惯、饲料秸秆资源丰富等多种因素有关。

表 4-5　2008—2016 年肉牛年末出栏量统计表

单位：万头

省份	2008	2009	2010	2011	2012	2013	2014	2015	2016
全国总计	4 243.10	4 292.28	4 313.29	4 200.63	4 219.29	4 189.9	4 200.41	4 211.44	4 264.95
河南	560	559.8	551.94	545	534.6	535.5	546	548.6	550.2
山东	458.2	454.3	449.35	433.39	437.3	443.4	440.8	447.5	445.5
内蒙古	267.8	294	306.79	306.79	316.3	320.2	336.8	326.4	339.7
河北	354.1	344.33	361.2	338.98	340.33	325.25	320.62	325.42	331.93
吉林	271.3	283.8	293.73	294.34	296.4	297	299.6	303.2	306.4
四川	249.6	251.8	255.82	251.06	254	264.7	278.7	295.5	305.2
云南	236.2	252.6	268.47	273.33	279.1	275.7	287.3	292.8	300.4

数据来源：国家统计局网站。

（2）河北省肉牛养殖区域分布情况。总体上比较均衡，从 2015—2017 年的统计数据看，2015—2017 年承德市出栏量排在第一位，唐山市位于第二位，石家庄市（含辛集）则排在第三位；石家庄市（含辛集）与唐山市的差距在逐渐缩小，到 2017 年仅比唐山市少 0.52 万头；而秦皇岛市和邢台市则始终排名比较靠后（表 4-6）。

表 4-6　河北省各市肉牛（含役用牛）出栏统计表

单位：百头

年份	全省	石家庄市（含辛集）	唐山市	秦皇岛市	邯郸市	邢台市	保定市（含定州）	张家口市	承德市	沧州市	廊坊市	衡水市
2015	32 542	3 957	4 547	1 248	1 896	1 691	3 245	3 566	4 960	2 568	2 675	2 189
2016	33 193	4 041	4 646	1 108	1 965	1 737	3 502	3 818	5 791	1 920	2 416	2 249
2017	34 049	4 937	4 989	1 093	2 418	1 769	2 949	4 179	5 959	1 850	1 488	2 417

数据来源：河北省农业农村厅。

从 2015—2017 年河北省各地市肉牛存栏量统计数据看，承德市始终强势排在第一位，唐山市紧随其后排在第二位，石家庄市（含辛集）排在第三位，虽然唐山市、石家庄市肉牛存栏量基本处于第二、三位，但与承德市肉牛存栏量差距较大。秦皇岛市、邢台市、沧州市和廊坊市相对较低（表 4-7）。

表 4-7 河北省各市肉牛（含役用牛）存栏统计表

单位：百头

年份	全省	石家庄市（含辛集）	唐山市	秦皇岛市	邯郸市	邢台市	保定市（含定州）	张家口市	承德市	沧州市	廊坊市	衡水市
2015	17 174	4 381	5 034	1 382	2 098	1 872	3 595	3 949	5 491	2 843	2 962	2 424
2016	17 493	4 148	4 770	1 137	2 018	1 784	3 594	3 919	5 944	1 972	2 480	2 308
2017	19 634	5 221	5 275	1 156	2 506	1 871	3 118	4 419	6 301	1 956	1 574	2 556

数据来源：河北省农业农村厅。

图 4-5、图 4-6 分别描述了河北省各市 2017 年肉牛出栏量、存栏量各自占的比例。图中明显看出石家庄（含辛集）市、承德市、唐山市属于河北省肉牛养殖强势大市。数据同时也表明：石家庄市（含辛集）、唐山市肉牛养殖的重点在于购入架子牛育肥。

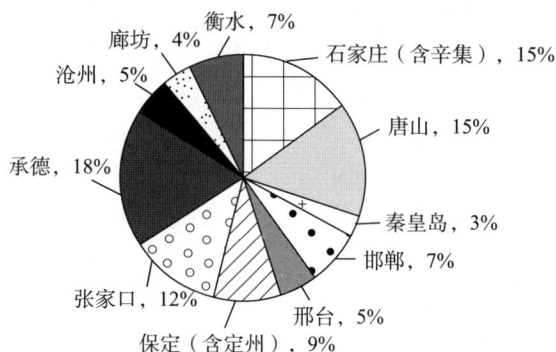

图 4-5 2017 年河北省各市肉牛出栏量占比图
数据来源：河北省畜牧生产情况核定数据。

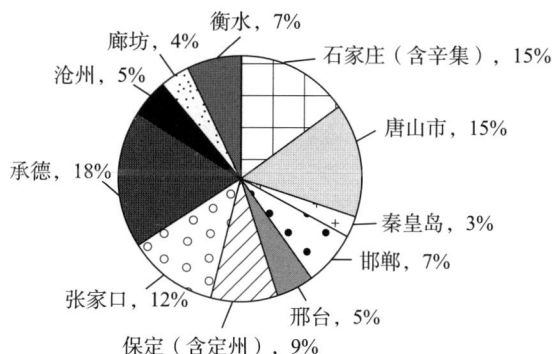

图 4-6 2017 年河北省各市肉牛存栏量占比图
数据来源：河北省畜牧生产情况核定数据。

2. 河北省肉牛规模养殖情况

（1）从 **2016 年全国不同省份规模化养殖程度看，河北省肉牛养殖规模化程度处于全国中等偏下水平**。散户和规模化养殖场户占比与全国平均水平基本相当。除了上海这一特殊区域没有肉牛养殖和西藏全部为散养外，北京市和天津市两个直辖市也比较特殊，由于特殊区域的限制，他们的规模化养殖水平远远高于其他省市（表 4-8）。

表 4-8　2016 年各省不同规模肉牛养殖场所占比例

单位：%

省份	年出栏1~9头场（户）占比	年出栏10~49头场（户）占比	年出栏50~99头场（户）占比	年出栏100~499头场（户）占比	年出栏500~999头场（户）占比	年出栏1 000头以上场（户）占比	规模养殖场占比
全国总计	95.05	3.92	0.79	0.23	0.03	0.01	4.95
北京	36.14	44.32	15.34	8.87	1.48	0.65	63.86
天津	46.51	41.80	11.11	4.83	0.34	0.05	53.49
河北	93.68	5.36	0.74	0.22	0.03	0.01	6.32
山西	91.77	6.84	1.04	0.37	0.04	0.02	8.23
内蒙古	82.24	14.17	3.17	0.74	0.11	0.03	17.76
辽宁	84.08	13.39	2.11	0.61	0.08	0.01	15.92
吉林	84.28	11.57	3.85	0.60	0.13	0.03	15.72
黑龙江	81.12	15.71	2.76	0.72	0.10	0.02	18.88
上海	0.00	0.00	0.00	0.00	0.00	0.00	0.00
江苏	96.12	3.40	0.10	0.29	0.06	0.03	3.88
浙江	96.02	3.35	0.52	0.13	0.00	0.00	3.98
安徽	96.29	2.66	0.73	0.29	0.04	0.01	3.71
福建	97.81	1.87	0.19	0.10	0.02	0.02	2.19
江西	97.93	1.69	0.29	0.09	0.01	0.00	2.07
山东	90.53	7.11	1.87	0.53	0.07	0.02	9.47
河南	97.54	1.93	0.27	0.22	0.03	0.01	2.46
湖北	95.88	2.62	0.88	0.57	0.05	0.02	4.12
湖南	94.97	4.10	0.79	0.16	0.01	0.00	5.03
广东	98.62	1.17	0.16	0.06	0.00	0.00	1.38
广西	98.96	0.90	0.11	0.03	0.00	0.00	1.04
海南	97.85	1.88	0.24	0.03	0.00	0.00	2.15

（续）

省份	年出栏 1~9 头场（户）占比	年出栏 10~49 头场（户）占比	年出栏 50~99 头场（户）占比	年出栏 100~499 头场（户）占比	年出栏 500~999 头场（户）占比	年出栏 1 000 头以上场（户）占比	规模养殖场占比
重庆	99.01	0.85	0.10	0.03	0.00	0.00	0.99
四川	96.30	3.05	0.49	0.16	0.02	0.00	3.70
贵州	98.71	1.09	0.17	0.03	0.00	0.00	1.29
云南	98.61	1.19	0.15	0.05	0.00	0.00	1.39
西藏	100.00	0.00	0.00	0.00	0.00	0.00	0.00
陕西	96.83	2.47	0.58	0.13	0.01	0.00	3.17
甘肃	96.64	2.63	0.50	0.20	0.04	0.01	3.36
青海	93.48	5.52	0.61	0.32	0.07	0.00	6.52
宁夏	93.75	5.72	0.41	0.12	0.02	0.01	6.25
新疆	90.91	7.11	1.55	0.47	0.05	0.02	9.09

数据来源：《中国畜牧兽医年鉴 2017》。

河北省自 2008 年以来，经过震荡调整和反复，总体上规模化程度略有下降，到 2009 年河北省肉牛规模化养殖场（户）数占比达到 7.58%，而 2016 年河北省肉牛规模化养殖场（户）数降为 6.32%（表 4-9）。

表 4-9 2008—2016 年河北省不同规模肉牛养殖场所占比例

单位：%

年份	年出栏 1~9 头场（户）占比	年出栏 10~49 头场（户）占比	年出栏 50~99 头场（户）占比	年出栏 100~499 头场（户）占比	年出栏 500~999 头场（户）占比	年出栏 1 000 头以上场（户）占比	散户占比	规模养殖场占比
2008	93.405 9	5.790 1	0.727 9	0.107 2	0.008 6	0.002 5	93.41	6.59
2009	92.423 6	6.697 2	0.773 0	0.143 6	0.011 2	0.003 3	92.42	7.58
2010	92.485 2	6.625 5	0.754 6	0.163 4	0.016 9	0.004 3	92.49	7.51
2011	92.839 4	6.294 8	0.711 1	0.170 5	0.021 9	0.007 1	92.84	7.16
2012	93.801 9	5.458 1	0.522 4	0.202 6	0.028 8	0.014 6	93.80	6.20
2013	95.422 6	3.821 8	0.561 6	0.175 3	0.027 8	0.012 2	95.42	4.58
2014	95.324 6	3.955 8	0.514 9	0.186 8	0.026 2	0.012 1	95.32	4.68
2015	94.404 4	4.759 5	0.619 6	0.212 3	0.023 4	0.010 5	94.40	5.60
2016	93.677 0	5.359 4	0.737 2	0.223 5	0.031 1	0.011 3	93.68	6.32

数据来源：《中国畜牧业年鉴 2009—2013》《中国畜牧兽医年鉴 2014—2017》。

（2）河北省各市规模养殖状况差异较大。2017 年河北省全省平均规模养殖出栏数占比为 46.13%。而廊坊市规模养殖出栏数占比高达 92.99%，廊坊市的散养非常少，基本达到规模养殖。衡水市紧随其后，规模养殖出栏数占比也高达 72.39%。排在第三位的是辛集市，规模养殖出栏数占比为 70.87%。规模养殖出栏数占比最低的是张家口市，规模养殖出栏数占比只有 17.07%。可见张家口市肉牛养殖基本上以散养为主，而且一家一户养几头肉牛比较普遍。

廊坊市肉牛规模养殖中大规模所占比重明显高于其他市，年出栏 100 头出栏数占比达 66.77%，年出栏 500 头出栏数占比达 51.00%，年出栏 1 000 头以上出栏数占比达 32.15%。其他市与之相比相去甚远（表 4-10）。

表 4-10 2017 年河北省各市不同规模肉牛养殖场出栏数所占比例

单位:%

省份	年出栏 1~9 头场年出栏数占比	年出栏 10 头年出栏数占比	年出栏 50 头年出栏数占比	年出栏 100 头年出栏数占比	年出栏 500 头年出栏数占比	年出栏 1 000 头以上年出栏数占比	散养出栏数占比	规模养殖出栏数占比
全省	53.87	46.13	20.07	13.84	6.38	3.40	53.87	46.13
石家庄市	58.49	41.51	14.13	5.67	1.55	0.49	58.49	41.51
辛集市	29.13	70.87	34.37	28.00	13.96	0.00	29.13	70.87
唐山市	60.92	39.08	14.56	9.05	3.82	1.59	60.92	39.08
秦皇岛市	61.57	38.43	20.85	14.36	5.23	1.47	61.57	38.43
邯郸市	57.45	42.55	17.29	10.11	3.65	0.86	57.45	42.55
邢台市	64.64	35.36	21.56	12.81	1.75	0.68	64.64	35.36
保定市	42.52	57.48	26.56	24.12	12.41	6.94	42.52	57.48
定州市	53.62	46.38	24.75	23.72	10.11	0.00	53.62	46.38
张家口市	82.93	17.07	8.01	4.44	1.50	0.00	82.93	17.07
承德市	44.26	55.74	15.36	10.88	3.69	2.55	44.26	55.74
沧州市	69.04	30.96	10.33	3.38	2.03	0.00	69.04	30.96
廊坊市	7.01	92.99	71.19	66.77	51.00	32.15	7.01	92.99
衡水市	27.61	72.39	43.20	30.75	15.89	9.45	27.61	72.39

数据来源：河北省农业农村厅。

3. 河北省肉牛养殖成本收益情况

从 2016 年的统计数据来看，河北省肉牛养殖收益水平不高，河北省成本利润率为 24.15%，全国平均的成本收益率为 28.03%，比全国平均水平略低，与先进省份差距较大。河南高达 47.63%，陕西和宁夏也有 39.59% 和 38.62%（表 4-11）。

表 4-11　2016年河北及主要省份肉牛养殖成本收益情况表

单位：元，%

省份	产值合计	主产品产值	副产品产值	总成本	人工成本		仔畜费		精饲料费		青粗饲料费		成本利润率
					费用	占比	费用	占比	费用	占比	费用	占比	
河北	12 653.03	12 620.31	32.72	10 191.94	634.44	6.22	7 742.89	75.97	1 375.06	13.49	348.20	3.42	24.15
黑龙江	12 112.00	12 088.00	24.00	10 108.70	758.40	7.50	6 334.33	62.66	2 101.66	20.79	799.33	7.91	19.82
河南	11 035.49	10 975.54	59.95	7 475.13	1 519.49	20.33	4 503.36	60.24	1 043.59	13.96	304.38	4.07	47.63
陕西	10 656.67	10 565.67	91.00	7 634.00	1 369.31	17.94	5 172.00	67.75	764.89	10.02	235.44	3.08	39.59
宁夏	8 531.30	8 448.66	82.64	6 154.34	936.16	15.21	3 389.81	55.08	1 283.11	20.85	367.47	5.97	38.62
新疆	9 765.84	9 683.38	82.46	9 011.73	1 118.31	12.41	6 549.93	72.68	760.85	8.44	405.99	4.51	8.37
平均	10 792.39	10 730.26	62.13	8 429.34	1 056.02	12.53	5 615.39	66.62	1 221.53	14.49	410.14	4.87	28.03

数据来源：《中国畜牧业年鉴2009—2013》《中国畜牧兽医年鉴2014—2017》。

表 4-12　2008—2016年河北省肉牛养殖成本收益情况表

单位：元，%

年份	产值合计	主产品产值	副产品产值	总成本	人工成本		仔畜费		精饲料费		青粗饲料费		成本利润率
					费用	占比	费用	占比	费用	占比	费用	占比	
2008	6 835.76	6 744.99	90.77	5 851.78	272.51	4.66	4 407.33	75.32	870.63	14.88	202.61	3.46	16.82
2009	6 771.39	6 703.06	68.33	5 900.07	232.83	3.95	4 270.57	72.38	1 046.25	17.73	249.02	4.22	14.77
2010	7 149.52	7 116.36	33.16	6 129.08	230.67	3.76	4 593.94	74.95	987.91	16.12	228.94	3.74	16.65
2011	8 295.20	8 263.40	31.80	7 001.38	294.41	4.21	5 167.36	73.80	1 210.95	17.30	247.01	3.53	18.48
2012	10 922.50	10 890.17	32.33	7 920.77	441.21	5.57	5 870.36	74.11	1 232.78	15.56	288.54	3.64	37.90
2013	13 335.81	13 303.09	32.72	9 580.55	558.30	5.83	7 315.27	76.36	1 273.14	13.29	338.79	3.54	39.20
2014	13 086.27	13 054.40	31.87	10 694.15	609.90	5.70	8 245.97	77.11	1 407.42	13.16	336.12	3.14	22.37
2015	12 578.23	12 544.28	33.95	10 589.06	651.82	6.16	8 104.99	76.54	1 395.10	13.17	343.36	3.24	18.79
2016	12 653.03	12 620.31	32.72	10 191.94	634.44	6.22	7 742.89	75.97	1 375.06	13.49	348.20	3.42	24.15

数据来源：《中国畜牧业年鉴2009—2013》《中国畜牧兽医年鉴2014—2017》。

而从统计数据可以看出，河北省肉牛养殖走的是一条高投资、高产出、低利润的道路。2016 年河北省肉牛养殖总成本为每头牛 10 191.94 元，比全国平均 8 429.34 元，高出 20.91%，而河北肉牛养殖产值为每头牛 12 653.03 元，比全国平均水平每头牛 10 792.39 元高出 17.24%。与先进省份差距很大。在成本支出中，仔畜费支出占比较大，明显高出全国平均和其他省份，从而导致总成本上升。由此可以看出河北省肉牛养殖仍然具有较大利润提升空间。

从河北省近些年成本收益统计数据看，自 2008 年以来，肉牛养殖总成本不断攀升，由 2008 年的 5 851.78 元一直上升到 2016 年的 10 191.94 元，而产值也由 2008 年的 6 835.76 元上升到 2016 年的 12 653.03 元。肉牛价格上升的主要原因是牛肉价格上升，以及养殖投入要素价格上升。而肉牛养殖产值和成本结构却发生了一些变化。与不断攀升的肉牛主产品产值截然相反的是副产品产值不断缩减，2008 年为 90.77 元，而 2016 年只有 32.72 元。人工成本占比不断提高，这与劳动力成本提高有关。精饲料费占比稍有下降，这与精饲料合理使用和不断节约相关。成本和产值共同作用的结果显示：自 2008 年以来的成本收益率，除了 2012 年、2013 年两年由于牛肉价格高导致收益率偏高外，其他年份在震荡中小幅上升（表 4-12）。

4. 河北省肉牛养殖品种情况

河北省目前的肉牛品种以西门塔尔、夏洛莱和利木赞等大型肉牛杂交牛为主，也有部分淘汰奶牛、奶公犊、本地黄牛和牦牛。规模在 100 头以上的养殖场主要以西门塔尔牛为主，配种繁育比较科学，后代犊牛的性能较高，但是在 100 头以下的养殖户主要以西门塔尔杂交牛为主，这些养殖场在配种方面没有专业的技术指导，需要的冷冻精液随意购买，没有完整的记录信息，尤其是在一些放牧式散养地区，经常出现小公牛与母牛交配的现象，造成近亲繁育，后代性能低下，严重影响了肉牛的品质。

5. 河北省肉牛竞争力情况

（1）牛肉市场占有情况。内蒙古自治区和黑龙江省的市场占有率非常高，二者合计市场占有率，从 2010 年的 27%，到 2014 年达到 47.23%，近两年虽然稍有下滑，但也一直保持在 44% 以上，相当于占据了半壁江山，因此两省（区）肉牛产业竞争力优势明显。其他西部省份市场占有率普遍较低，尤其四川市场占有率逐年下滑，由 2010 年的 12.76% 下降到 2016 年 5.58%。

河北省肉牛市场占有率除了 2011 年和 2012 年较低外，其他年份均保持在 8%～9%。应该说，河北省肉牛养殖从市场占有率看也表现出一定竞争力，但与内蒙古自治区和黑龙江省相比，还有较大差距。因此，河北省应把内蒙古自治区和黑龙江省作为追赶目标，力求缩小差距（图 4-7）。

(2) 肉牛产业比较优势情况。从各省牧业产值看，河南省、四川省牧业产值均超过了 2 500 亿元，是典型的牧业大省；河北省、黑龙江省紧随其后，牧业产值也达到了将近 2 000 亿元；内蒙古自治区、吉林省和云南省是第三梯队，牧业产值也都超过了 1 000 亿元；所以河北省的牧业体量比较大。

从肉牛产值看，河南一骑绝尘，遥遥领先，产值达到了 548.4 亿元，吉林省、黑龙江省紧随其后，产值均超过 300 亿元。河北省肉牛产值为 254.7 亿元，处于中游水平（表 4-13）。

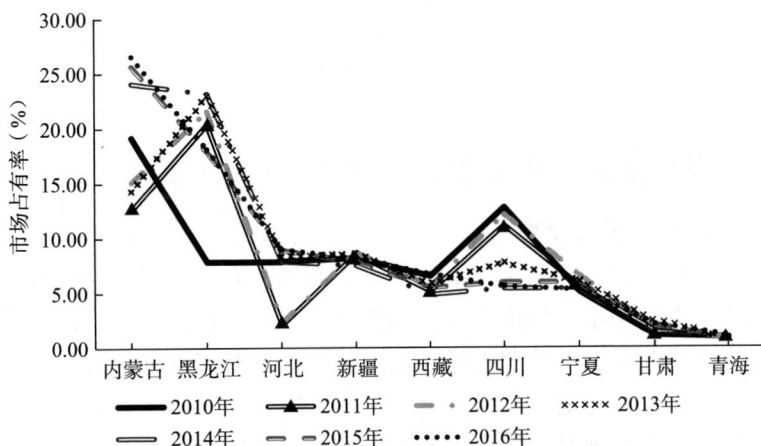

图 4-7　河北及主要省份牛肉市场占有率

数据来源：中国畜牧业年鉴 2011—2013、中国畜牧兽医年鉴 2014—2017。

从牛肉产值占牧业产值比重看，全国占比为 12.07%，而西藏占比达到了 40.30%，也就是说，西藏牧业产值的 40% 多是肉牛贡献的，因此，比较优势系数高达 3.42。吉林和甘肃的占比分别达到了 29.37% 和 25.59%，比较优势系数分别为 2.43 和 2.12。而河北省牛肉产值占牧业产值比重只有 13.13%，比较优势系数仅为 1.09，仅高于全国平均水平，主要是因为河北的猪、牛和肉鸡对畜牧业做出了很大贡献。当然这些产业之所以贡献大的一个很重要的原因是国家支持力度较大，尤其奶牛和生猪。

表 4-13　2016 年河北省及主要省肉牛产业显示性比较优势

省份	牧业产值（亿元）	肉牛产值（亿元）	占比（%）	比较优势指数	排序
西藏	113.8	47	41.30	3.42	1
吉林	1 252.8	367.9	29.37	2.43	2
甘肃	299.7	76.7	25.59	2.12	3
河南	2 611.3	548.4	21.00	1.74	4

（续）

省份	牧业产值（亿元）	肉牛产值（亿元）	占比（%）	比较优势指数	排序
内蒙古	1 202.9	218	18.12	1.50	5
黑龙江	1 854.8	302.8	16.33	1.35	6
云南	1 141.8	178.3	15.62	1.29	7
河北	1 939.2	254.7	13.13	1.09	8
陕西	695.9	60.6	8.71	0.72	9
四川	2 551.7	168.9	6.62	0.55	10
全国	31 703.2	3 826	12.07	1.00	

数据来源：《中国畜牧业统计 2016》。

（二）河北省肉牛养殖优势分析

1. 得天独厚的区位优势

河北省地处华北，南部多以平原为主，西部、东北部以山地丘陵为主，西北部和北部以高原为主，环抱京津、雄安新区，具有良好的区位优势。在国家京津冀协同发展背景下，河北无疑在地理位置上拥有其他任何省份都不具有的天然优势。目前，京津地区非常发达，需求旺盛，市场广阔，但由于受首都功能限制，畜牧产业发展受到约束，河北恰恰可以利用自己独有的地域优势，发展肉牛养殖，满足京津牛肉市场需求。建设雄安新区无疑给河北发展肉牛养殖增添了又一发展机遇。按照国家对雄安新区的规划定位，雄安新区不会发展肉牛养殖业，雄安新区消费的牛肉必然也是从其他地区调入。因此，环京津、雄安的特殊地域特点，决定了河北发展肉牛养殖尤其高端肉牛养殖具有较大潜力。

2. 丰富的饲料秸秆资源

河北省肉牛产业在中国发展较早，21 世纪初期河北省提倡大力开发秸秆资源，促进河北省秸秆型畜牧业大发展，完善秸秆开发利用基础设施建设。河北省地处华北平原，地形平坦开阔，土壤肥沃，气候温和，雨热同期，饲料资源丰富，促进了河北省以牧场为依托的肉牛养殖区转变为以玉米、秸秆为依托的肉牛养殖区。河北省北部张家口、承德两市是宽广的牧区或半牧区，东南部平原地区具有丰富的玉米等农产品，可以作为肉牛养殖的饲料资源。其产量和种植面积决定了河北省肉牛养殖业的发展基础。依靠广阔的种植面积和生产水平提供了丰富的饲料资源，能够满足各种规模形式的养殖基地，达到了降低成本，提高利润率的目的，从而促进肉牛养殖业的发展。玉米种植面积增速低于玉米产量的增速，一方面这符合经济生产情况，另一方面也反映出玉米种植中技术的作用，提高了玉米的生产效率，加之河北省独特的自然条件和资源禀赋，有助于河北省肉牛养殖业发展形成优势。

3. 发达的奶牛产业带动

自从 2008 年"三鹿事件"后，河北奶牛养殖业一度陷入低谷。经过十年发展，河北奶牛养殖业又在全国名列前茅。奶牛养殖的发展在一定程度上带动肉牛产业的发展。奶牛和肉牛是互补产业。目前不仅存在大量奶公犊育肥的巨大潜力，还有普遍存在将淘汰奶牛育肥转变为肉牛的做法，而且，有些地方尝试发展乳肉兼用型牛的饲养。所以，河北发达的奶牛养殖业必然促进肉牛产业发展。

三、河北省肉牛规模养殖现存问题分析——基于问卷调查

随着经济的不断发展，牛肉需求的不断提高，肉牛养殖业需要提高专业化水平才能使得肉牛产业健康稳定的发展，但河北省肉牛养殖业发展依然存在一些问题。为了充分了解当前河北省肉牛养殖业的真实现状，在 2018 年 10 月，笔者对河北省保定市各个县的部分肉牛养殖场进行了实地调研。保定市在肉牛存出栏量及牛肉产量上均在河北省名列前茅，规模化程度也比较高，是河北省肉牛养殖的重要代表力量，因此笔者选取保定市作为调查对象。保定市各区县2018 年肉牛养殖企业（场）数量如图 4-8 所示。

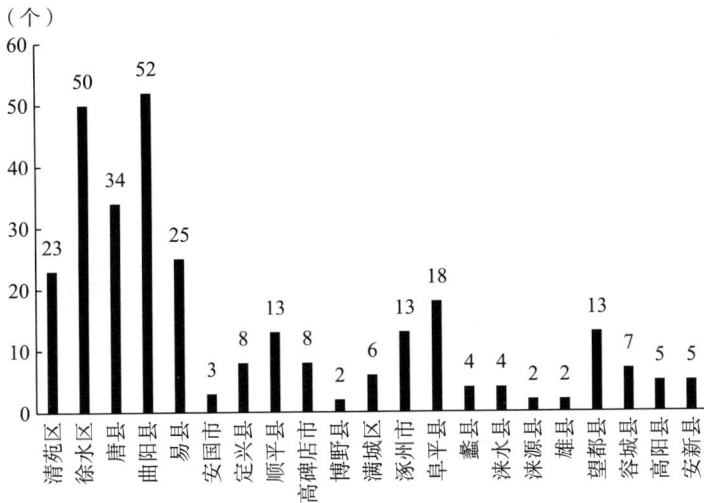

图 4-8　保定市各区县 2018 年肉牛养殖企业（场）数量

数据来源：保定市农业局。

本次调查主要的目的在于真实了解当前阶段保定市肉牛养殖业的发展情况，获得所需要的数据，通过分析研究，发现河北省在肉牛养殖业中存在的问

题，并针对这些问题提出相应的对策建议，为政府部门政策的制定和河北省肉牛养殖业健康的发展提供参考。

调查采用问卷方式，在保定市生态环境保护局及在农业和农村局工作人员的帮助下，综合考虑育种规模、耕作方式和区域分布等因素。调查得知保定市截止到 2018 年底共有 297 家肉牛养殖企业（场），保定市 25 个区县中，莲池区、竞秀区与白沟新城无肉牛养殖企业（场）。

本研究在保定市各个区县选取了 50 个规模化的肉牛养殖场作为调查样本，其中，调查样本中养殖场在各个区县中的地区分布见下表。

表 4-13　调查养殖场地区分布

单位：个，%

地区	安国市	定兴县	阜平县	高阳县	涞水县	蠡县	清苑区	曲阳县	容城县	顺平县	唐县	望都县	徐水区	易县	涿州市	合计
养殖场个数	2	4	10	3	1	1	9	1	1	3	1	3	7	3	1	50
占样本比重	4	8	20	6	2	2	18	2	2	6	2	6	14	6	2	100

数据来源：根据调研数据整理。

在本次实地调研中，问卷问题涉及被调查者的基本信息、被调查养殖场的基本信息和被调查者养殖的基本情况三大方面，共涉及问题 35 个，调查对象为 50 家规模养殖场，问卷全部收回并进行了有效性的验证。

（一）样本的基本特征分析

1. 养殖场肉牛存栏量

表 4-14　问卷存栏量统计

单位：头

序号	单位名称	母牛	育成育肥牛	犊牛
1	安国市龙盛肉牛农民专业合作社	120	120	120
2	安国市胜峰肉牛养殖场	0	400	400
3	定兴县燚犇养牛场	10	20	20
4	定兴县林田肉牛饲养场	300	0	0
5	定兴县绍峰肉牛饲养场	100	100	0
6	定兴县燕园肉牛饲养有限公司	0	1 000	0
7	阜平县圣雍肉牛饲养专业合作社	10	50	50
8	阜平县顺旺肉牛饲养场	20	40	40
9	阜平县凯利通肉牛饲养有限责任公司	10	80	10

（续）

序号	单位名称	母牛	育成育肥牛	犊牛
10	阜平县益民肉牛专业合作社	80	150	150
11	阜平县丰盈肉牛饲养专业合作社	80	150	150
12	阜平县永业肉牛饲养专业合作社	50	100	120
13	阜平县犇旺养牛专业合作社	80	120	120
14	阜平县晟天肉牛养殖有限公司	50	140	150
15	阜平县和顺肉牛专业合作社	50	200	180
16	阜平县六道沟肉牛饲养专业合作社	100	150	250
17	高阳县泽众肉牛饲养农民专业合作社	0	100	0
18	高阳县腾律肉牛饲养农民专业合作社	0	100	0
19	高阳县中智仁川肉牛饲养有限公司	0	500	0
20	涞水县伟业肉牛饲养场	33	130	30
21	蠡县张骞肉牛饲养场	0	60	0
22	王新格肉牛场	0	0	50
23	保定市清苑区新春肉牛养殖场	45	0	25
24	保定市清苑区利合肉牛养殖场	0	60	0
25	保定市双良养牛场	20	70	10
26	保定市清苑区腾飞肉牛养殖场	0	50	0
27	保定市清苑区宏腾肉牛养殖场	0	100	0
28	中冉村肉牛养殖场	25	100	60
29	保定市清苑区旺兴养牛场	0	350	100
30	保定市清苑区韦各庄福申肉牛养殖场	0	600	0
31	曲阳县龙伟肉牛养殖场	0	40	10
32	容城县天润肉牛养殖服务专业合作社	0	320	0
33	康爱国肉牛饲养场	10	34	9
34	顺平县于海肉牛农民专业合作社	0	100	0
35	顺平县顺保肉牛饲养农民专业合作社	0	20	0
36	唐县向涛肉牛养殖场	10	20	0
37	望都县松松肉牛养殖场	0	0	20
38	望都县宇皓肉牛养殖专业合作社	0	80	0
39	望都县庆都肉牛养殖有限公司	70	400	30
40	徐水区利发肉牛专业合作社	10	100	20
41	保定市徐水区先军肉牛场	0	30	30

（续）

序号	单位名称	母牛	育成育肥牛	犊牛
42	保定牛犇养殖有限公司	10	100	10
43	徐水区万顺肉牛专业合作社	30	50	65
44	保定市徐水区阿伟肉牛养殖场	80	20	30
45	徐水区众合肉牛专业合作社	0	200	0
46	保定市徐水区马建月养牛场	40	125	0
47	易县宏升肉牛饲养场	40	50	40
48	易县塘湖常岩松肉牛饲养场	50	20	40
49	易县顺阳肉牛饲养有限公司	0	160	0
50	涿州市锦泽肉牛养殖服务有限责任公司	0	250	300
	合计	1 533	7 159	2 639

数据来源：根据调研数据整理。

由表 4-14 统计数据可以看出，在 50 家肉牛养殖场中，有 22 家肉牛养殖场能繁母牛存栏量为 0，有 19 家肉牛养殖场犊牛存栏量为 0，在各类型肉牛存栏量中，能繁母牛占 14%，育成育肥牛占 63%，犊牛占 23%，可以看出在肉牛养殖过程中，能繁母牛数量与犊牛数量严重不足，这也是造成肉牛养殖利润低的一个主要原因。

2. 养殖场占地面积

从肉牛养殖场的占地面积来看，如下图所示，1 000 平方米以下的肉牛养殖场占了总调查对象的 38%，只有 8% 的肉牛养殖场的占地面积在 5 000 平方米以上，整体规模偏小。

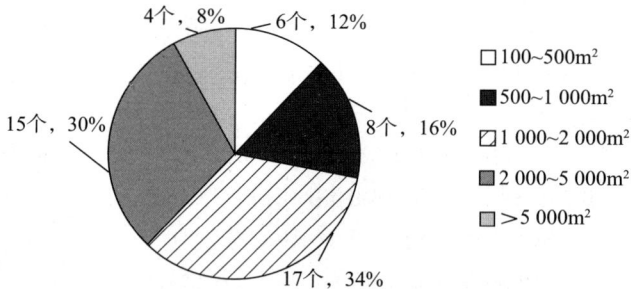

图 4-9　肉牛养殖场面积

数据来源：根据调研数据整理。

3. 养殖场出栏量

从图 4-10 可以看出，在 50 家肉牛养殖场中，44% 的养殖场年出栏量在

100头以下，只有4%的肉牛养殖场的年出栏量能在500头以上，所以肉牛养殖场整体规模化程度较低，难以起到应有的辐射力与影响力。

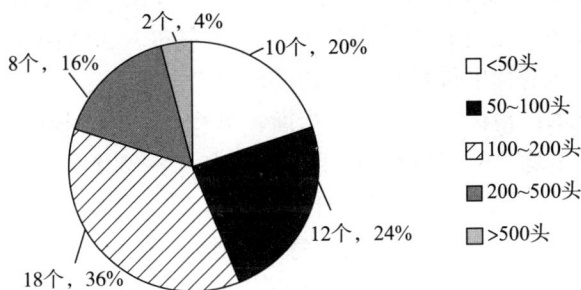

图4-10　肉牛养殖场出栏量

数据来源：根据调研数据整理。

4. 养殖场疫病情况

在调查的50家养殖场中，均对饲养的肉牛进行了疫苗的注射，但是存在部分犊牛腹泻发病率高、死亡率高的现象，异地育肥运输所引起的运输应激综合征（TSSBC）造成牛群发病甚至死亡，还有个别养殖场出现人畜共患病的现象。

5. 饲养人员与技术人员数量

通过实地调查发现，在50个规模养殖场和养殖合作社中，养殖人员的技术水平参差不齐，养殖场的专业技术人员过少，部分专业技术人员技术水平不高，而养殖场的专业化水平正是靠专业性的人才和技术才能得以保证。目前部分养殖场缺乏固定的专业技术人才，养殖场的工作环境较差、薪资待遇不高导致无法吸引技术人才，这也是制约肉牛养殖场发展的一个重要因素。

6. 政策引导和扶持情况

政策和法律的引导对肉牛养殖业的发展有着重要的推进作用。河北省政府鼓励农户建设专业化的养殖基地，对建立一定数量规模以上的养殖基地进行税收优惠和相关费用的减免，还会对当地农户经营者进行定期指导和水电费优惠补贴，为其能更好地开展农业养殖项目，推动当地经济更好更快地发展。

通过调查发现，当前河北省在肉牛方面的补贴仅仅是针对规模达到一定数量上的养殖场进行的补贴，没有针对小规模养殖户的养殖补贴，而母牛正需要散养户和小规模养殖场来养殖，这些养殖场一般资金不足，而且还存在补贴发放不到位的现象。

（二）养殖成本和养殖利润

1. 样本成本构成

从生产成本来看，肉牛养殖的主要成本由购牛价格（犊牛价格）、饲料成本（精饲料和粗饲料）、人工成本（家庭用工折算和雇工成本）、医疗防疫成本、水电等成本构成。其中犊牛成本、饲料成本、人工成本占比之和高达95%。

（1）购牛成本： 西门塔尔牛1代，体重150千克，价格在4 000元左右；利木赞牛体重200千克左右，价格在5 000元左右。当然肉牛品种有高、中、低之分，不同品种的犊牛价格有一定的波动。

（2）饲料成本： 精饲料主要由玉米面、麸皮、豆粕、棉粕、熟豆饼、添加剂等构成，每天平均3~4千克，每千克精饲料大约2.8元，每天需要10元左右。粗饲料主要由小麦秸秆、玉米秸秆、牧草等草本植物构成。每天平均8.5~10千克，每千克粗饲料大约0.6元，每天需要6元左右。肉牛养殖需要4个月左右，每天饲料投资16元，100天需要投资1 600元。

表4-15　2018年河北省主要饲料原料价格

单位：元/千克

原料	玉米	麸皮	豆粕	棉粕	胡麻饼	玉米秸秆	干草	酒槽
价格	1.7~2.0	1.4	3.3~3.7	2.8	2.7~3.0	0.2	1.1~1.5	0.39~0.45

数据来源：根据统计资料整理。

（3）医疗防疫成本： 经过调查，每头牛需要注射2次疫苗，主要预防口蹄疫等疫病，每头牛每年成本约3元。

（4）其他成本： 其他成本主要包括水电费、消毒费用等，牛粪销售的钱大约可以抵消此处支出，人工成本每月在2 000元以上。

2. 养殖利润

2018年肉牛出栏价格为21~24元/千克，每头育肥牛养殖10个月左右，产值合计13 000元，除去人工成本、仔畜成本、饲料成本和其他成本。每头牛的利润在3 500元左右。

3. 未来预期

对于未来养殖肉牛，半数以上的肉牛养殖场表现缺乏信心或者保持现状，不会扩大养殖规模。通过调查发现，政府相关的政策制定不合理、补贴落实不到位、犊牛价格的上涨和饲料价格上涨导致饲养成本上涨，影响了肉牛养殖场对于未来肉牛养殖的预期。

（三）农户肉牛养殖最小经济规模测算

国内牛肉供需缺口持续扩大，国内牛肉供给无法满足居民日益增长的牛肉需求，面对国内饲料价格的不断上涨，架子牛购买价格也在不断上涨，这导致了河北省肉牛养殖成本增加，养殖利润紧缩，严重打击了养殖户养殖积极性。所以本研究把机会成本作为切入点，运用道格拉斯生产函数在分别考虑劳动力机会成本和资本机会成本的前提下，测算河北省肉牛最小养殖规模，即河北省肉牛规模养殖的阈值，通过阈值来判断当前河北省肉牛养殖业养殖规模是否合理。

将柯布道格拉斯生产函数带入到肉牛养殖中，具体为：

$$Q=AL^{\alpha}K^{\beta} \qquad (1)$$

其中，Q 是肉牛养殖产出，L 是劳动力投入，K 是资本投入，A 是肉牛养殖的技术管理水平，α 是弹性劳动系数，β 是弹性资本系数。

根据模型可得，养殖产出与投入受肉牛养殖技术管理水平与劳动和资本弹性系数影响，在要素 A 一定的情况下，当劳动弹性系数和资本弹性系数大于 1 时，输入与输出正相关；当劳动弹性系数和资本弹性系数等于 1 时，规模收益不变；当劳动弹性系数和资本弹性系数小于 1 时，投入与产出呈负相关。

河北省肉牛养殖户一半以上都是散养户，小规模养殖场，很多养殖户并没有尽自己最大努力来从事养殖活动，没有达到应有养殖规模，如果充分投入，扩大养殖规模，就会达到规模经济。根据这一假设，假设牛农也处于现阶段，其养殖规模必须达到其投入一定的劳动力与资本用于养殖肉牛所得的利润与同样这部分有动力的工作收入和资本储蓄收入相当。那时，养殖户养殖规模便是最小经济养殖规模。如果实际养殖规模小于肉牛养殖的最小经济养殖规模，那可以判断这部分肉牛养殖户在肉牛养殖业中处于低竞争力阶段，那么在市场的冲击下很可能会退出肉牛养殖行业。

1. 肉牛养殖机会成本界定及核算

河北省肉牛养殖主体一半以上为散养户和小规模养殖场，没有达到自己所能承受的最大养殖规模。以养殖户继续增加资本投入，其养殖规模会达到规模经济这一假设为前提，肉牛养殖户投入一定劳动力与资本进行肉牛养殖所得利润与这些劳动力进行务工收入和资本用于存入银行所得收益相当时为最小经济养殖规模，而如果养殖户的实际养殖规模没有达到最小经济养殖规模，则认为养殖户处于不稳定养殖状态，在肉牛养殖业处于不利位置。

本研究选取了 50 户肉牛养殖主体为样本调查数据，其中安国市 2 个、定兴县 4 个、阜平县 10 个、高阳县 3 个、涞水县 1 个、蠡县 1 个、清苑区 9 个、曲阳县 1 个、容城县 1 个、顺平县 3 个、唐县 1 个、望都县 3 个、徐水区 7 个、易县 3 个、涿州市 1 个。调查内容是养殖主体基本情况、养殖主体收入和支出、养殖占地面积、卫生情况（尿粪等的处理），资本节约等被用作肉牛育种利润和机会成本的数据。

根据当地的实际情况，肉牛养殖机会成本是从肉牛养殖到其他行业的劳动力和资本投入的收入得出问题"如果不进行肉牛养殖，最有可能干什么"。这一问题中，外出务工这一选项有 87％的养殖户进行了选择，剩下的 13％的养殖户则选择了从事其他行业，所以可以得出养殖户从事肉牛养殖劳动力的机会成本为外出务工所得的劳务收入，除此之外还包含养殖主体的资本机会成本，调查所得，养殖资本如果不投入肉牛养殖，其资本最有可能存入银行用于储蓄，所以本研究的机会成本为外出务工收入与银行储蓄收益。

（1）劳动力机会成本。根据国家统计局数据可知，2017 年，河北省国有单位就业人员平均工资为 64 522 元，城镇单位就业人员平均工资为 63 036 元，其他单位就业人员平均工资为 50 137 元。根据养殖户自身条件估算出如果外出务工，年均收入 44 316.28 元，基本属于河北省职工年收入范围。所以将劳动力的机会成本定位 44 316.28 元。

（2）资本机会成本。养殖资本机会成本为将投入到肉牛养殖的资本从而损失的此部分资本存入银行所带来的利息收益和为了扩大养殖规模而从银行进行贷款的贷款利息。根据我国国有银行储蓄定期年利率统计，储蓄年利率平均为 1.75%，贷款年利率平均为 3.75%，每头牛均价为 14 000 元，则每头牛机会成本平均为 14 000×（1.75%＋3.75%）＝770 元。

2. 肉牛养殖最小经济规模测算

不同肉牛养殖者从事肉牛养殖本意不同，有的肉牛养殖者把肉牛养殖作为副业，所以其在进行肉牛养殖行为中，依靠自己有资金，不进行贷款，不扩大养殖规模，不求高利润只求低风险。有的则是把肉牛养殖作为生存手段，期望获得高养殖利润，基于此，此部分肉牛养殖户会通过贷款等进行资本扩张来扩大肉牛养殖规模，获得自己心里预想的养殖收益。基于上述两种情况，肉牛养殖最小经济养殖规模模型分为无利润下规模和合理利润下规模两种情况，其公式为：

$$P＝I－C－C_1/S_{min}－C_2 \qquad (2)$$

P 是单位肉牛的年平均利润，I 是单位平均销售收入值，C 是单位平均总成本，C_1 是劳动力机会成本，C_2 是单位肉牛资本机会成本，S_{min} 是最小经济养殖规模。

（1）无利润下最小经济规模测算

根据前面数据可得，河北省 2017 年外出务工人员工资为 44 316.28 元，进行肉牛养殖单位利润为 2 461.09 元。在肉牛养殖利润与外出务工利润相同的情况下，当 $P＝0$ 时，$S_{min}＝44\ 316.28/（12\ 653.03－10\ 191.94）＝18$，即人均养殖规模为 18 头，按照农村平均每户 4 口人、2 个劳动力来计算，家庭人均纯收入为 2×44 316.28/4＝22 158.14 元，与河北省 2017 年居民人均可支配收入 21 484.13 元基本相同，此时肉牛养殖户大多会选择继续进行肉牛养殖活动。

（2）合理利润下最小经济规模测算

养殖户本身会有自己的预期收益，在调研过程中，通过询问养殖户，得到养殖户预期收益在 2 800 元每头。在考虑到资本机会成本的前提下，养殖户放弃存入银行的收益加上从银行贷款来进行养殖规模扩大的情况下，按照单位肉牛均价 14 000 元、储蓄年利率 1.75％加上贷款年利率 3.75％来计算，$P = 14000 \times (1.75\% + 3.75\%) + 2800 - 2461.09 = 1108.91$ 元，则当 $P = 1108.91$ 时，$S_{min} = 44316.28/（12653.03 - 10191.94 - 1108.91）= 33$ 头。

根据测算结果可知，养殖主体在人均养殖 33 头肉牛的情况下，能够获得预期利润水平。

通过测算所得的养殖规模，无论是考虑劳动力机会成本还是既考虑劳动力机会成本也考虑资本机会成本，河北省目前的肉牛养殖规模主要在 10 头以下的散养户和小规模养殖占据大多数，与测算的数据 18 头和 33 头还是有一定的差距，所以河北省肉牛养殖目前养殖规模偏低，应当适度扩大养殖规模来获取更好的收益。

（四）河北省肉牛规模养殖发展存在的问题

1. 肉牛饲养成本高

河北省虽然会拨出财政资金支持肉牛发展，但是大多数资本都分配给了大型肉牛养殖场或肉牛合作社，对于急切需要资金支持的散养户却没有获得政府资金支持，造成了资金分配不合理。在实地调研过程中，不少养殖户也反映了资金短缺问题。

肉牛产业的主要发展基础是种公牛站和种肉牛场发展情况。河北省种公牛站数比较稳定，自 2009 年以来一直保持在 2～3 个，河北省种公牛站数在全国位居一般第二、三位。但由于每个种公牛站饲养规模较小，因此种公牛站年末存栏数并不多。2016 年只有 274 头，仅仅位居全国第八位。自 2008 年以来，最多的年份是 2010 年，达到了 4 个种肉牛场，大部分的年份只有 2、3 个。而且这种状况一直没有明显改观。2016 年河北省种肉牛场数排在全国倒数第八位。河北省种肉牛场数量少的情况下，造成河北省种肉牛存栏量也不会很多，2016 年只有 1 409 头，排在全国倒数第十位。河北省在全国种牛出场数明显处于落后。2016 年出场的种牛数只有 196 头，排在全国第十七位。即使在出栏最多的 2014 年，也仅仅排在全国第十一位。因此，从种公牛站和种肉牛场的各项技术指标看，支撑河北肉牛产业发展的基础较薄。这些指标意味着河北省肉牛繁育中"重育轻繁"，结果必须大量外购架子牛，这不仅会导致运输成本的上升，更重要的是长途运输会伴随着肉牛的应急疾病发生，从而进一步影响肉牛养殖经济效益。

2. 母牛繁育能力明显不足

肉牛繁殖和育肥应具有不同适度肉牛饲养规模原则，肉牛繁殖应采取相对小的适度规模。也就是通常的散户规模较好。给每头能繁母牛更多生产条件，更多活动面积。而肉牛育肥则相反，一般应该大规模饲养（当然受环境承载力、疫病防疫、环保条件约束，也存在规模适度问题）。但河北省肉牛繁殖和育肥，与养殖规模恰恰不协调。河北省肉牛繁殖场（户）规模偏大，而河北省肉牛育肥规模偏小。河北省肉牛繁殖场（户）规模偏大造成难以保证对每头能繁母牛的精细化饲养，从而无法保证出生小牛成活率和健康水平。虽然河北省肉牛发展目前的重点在育肥，肉牛繁殖明显偏弱，但依然存在肉牛繁殖规模过大问题。河北省自2008年以来，经过震荡调整和反复，总体上规模化程度略有下降，到2009年河北省肉牛规模化养殖场（户）数占比达到7.58%，而2016年河北省肉牛规模化养殖场（户）数降为6.32%。从2016年全国不同省份规模化养殖程度看，河北省肉牛养殖规模化程度处于全国中等偏下水平。河北省各市规模养殖状况差异较大。2016年河北省全省平均规模养殖出栏数占比为42.05%，而廊坊市规模养殖出栏数占比高达92.36%，衡水市紧随其后，规模养殖出栏数占比也高达71.26%。排在第三位的是承德市，规模养殖出栏数占比为52.39%。规模养殖出栏数占比最低的是张家口市，规模养殖出栏数占比只有15.14%。

3. 肉牛良种化程度较低

河北省优质肉牛和国外改良牛的总和仅为35%，黄牛改良不到20%。随着各地牛品种杂交的改良，许多优质肉牛品种逐渐消失。以隆化县郭家屯镇河南村的肉牛养殖为例。河南村是典型的户养母牛繁育村，全村200多户人家，几乎家家户户都养肉牛；养殖数量每户30～50头不等，长期采取山区放牧与圈养相结合的养殖方式；养殖品种主要是当地传统黄牛，或者是已经经过几代杂交的所谓的优良品种；母牛繁育方式主要是本交，很少采用人工授精。从2018年开始，县畜牧局下达禁牧令后，养殖户的养殖收益受到很大的影响。收益受影响的一个重要原因是肉牛养殖品种改良落后的问题。过去允许放牧的条件下，尽管当地黄牛和多代改良牛的成长速度、品相不佳带来的市场价格远远赶不上优良品种，但是，因养殖成本低农户出售一头牛也能赚到1 000元左右，禁牧后只能圈养，当地黄牛养殖低成本优势尽失，农户养殖意愿大大受挫。

此外，发达国家的肉牛附加值很高，但是河北省甚至中国的牛肉加工附加值不到发达国家附加值的30%。

4. 资源环境约束大

"绿水青山就是金山银山"，随着国家在环境保护方面力度的加大，肉牛养殖也受到了严峻挑战，在肉牛养殖过程中的尿液、粪便均会对周围环境造成一定污染，在调查过程中，大规模养殖场均采用机械干清粪进行尿液和粪便的收集清理工作，但是在一些规模比较小的小规模养殖户的粪便清理不是很理想，而河北省目前一半以上均为散养户，对环境污染较为严重，受环境力度制约影响比较大。而在生产方式方面，河北省肉牛养殖场缺乏专业技术水平，不能够科学配比饲料搭配，所以在肉牛育肥过程中造成了成本居高不下，牛肉质量普遍较低，这与发达国家差距巨大，严重制约了河北省肉牛养殖业的健康发展和河北省牛肉市场的竞争力。

5. 疫病防疫压力大

通过调查不难发现，肉牛养殖场多分布在偏远地区，在对人才的吸引方面处于弱势。养殖场技术人员比较缺乏，尤其是缺乏年轻技术人员，在当前科学技术进步飞速的时代，技术人员缺失导致了肉牛养殖场在疫病防疫方面的薄弱。从最近出现的非洲猪瘟疫也能看出，非洲猪瘟疫大多发生在规模化养殖场，在小规模养殖场和散养户发生较少，也从侧面说明了不能盲目地推行大规模化养殖，应该把首要任务放在提高管理水平和技术水平的前提下去发展规模化养殖。

在当地肉牛繁殖中更严重的传染病包括口蹄疫、牛传染性胸膜肺炎，其中最有害的是口蹄疫，其传播迅速、发病急、影响范围广。牛群中发生感染，如果不及时处理，将会损失严重。肉牛养殖户的人工养殖水平和消毒意识普遍较弱，导致牛生殖道的破坏和污染，进而导致生殖系统的细菌性疾病。如果没有科学的药物指导，滥用抗生素会导致产科疾病发病率增加。一些农民的观念没有跟上时代步伐。面对肉牛寄生虫病的威胁，采取放任的态度，或使用无效的驱虫药，导致肉牛的性能下降。对养牛业的经济效益产生了严重影响。

6. 政府支持力度和调控能力偏弱

在调查过程中，一些肉牛养殖场的负责人反映，想扩大规模但是土地审批难度较大，土地审批手续繁杂导致土地审批进程缓慢。在补贴政策实施上，没有做到"精准扶贫"，急需要资金的往往是散养户和小规模养殖场，但是养殖补贴政策偏向于支持有一定规模的养殖场。

7. 中美贸易战增加了河北肉牛养殖的不确定性

首先，中美贸易战会造成饲草饲料供应紧张、价格上涨，致使养殖成本上升。2017 年我国大豆进口总量约为 9 552.98 万吨，其中来自美国的进口量约为 3 285.28 万吨，占大豆进口总量的 34.39%，美国是我国大豆主要进口来源国之一。而 2017 年我国大豆总产量仅约为 1 473 万吨，进口大豆总量约是我国大豆总产量的 6.49 倍。在对美加征 25% 关税的情况下，美国对华大豆出口将下降 60%～70%。目前中国进口大豆几乎全部用于压榨加工，约 80% 的加工产品为豆粕。进口减少，会使饲料成本进一步增加，这无疑会对饲料价格产生重要影响，最终影响肉牛养殖业。其次，贸易战持续时间不确定，预期利润下降，肉牛养殖风险加大。对美国大豆、苜蓿等加征关税，造成饲料、饲草成本上升，养殖利润下降。当前扩大肉牛养殖规模不是很好的选择，一方面，尽管牛肉价格短期会上升，但成本增加大大压缩了肉牛养殖的利润空间，使得河北省肉牛养殖业原本就不景气的情况下"雪上加霜"；另一方面，美国政府对华贸易政策具有时间上的不确定性。

四、国内外肉牛规模养殖发展经验及借鉴

（一）国外肉牛规模养殖发展经验及借鉴

1. 国外经验

（1）美国。 在我国基本上每头牛的利润都在 3 500～3 800 元，但河北省的利润在 2 800 元左右，标准化养殖一头肉牛需要 18 个月左右才可以出栏，所以这其中的付出是比较大的，而养牛是一个比较辛苦的职业，这种辛苦却没有得到同样的回报。但是美国养牛的利润远远比我国大，而每个养殖主体的养殖量也比我国多，他们是如何做到的呢？以下几点可供借鉴。

首先，美国养牛的饲料大多数都是自家生产的农作物，比如青贮、玉米、苜蓿草和麦秆等，这样就节省了饲料成本。而在我国一般家里面很少种植大量的农作物。

其次，美国有大量牧场社区服务系统，无论是牛生病了，还是其他技术设备方面的难题，只要通过这个服务系统，一个电话就可以请到专业服务人员过来解决。虽然我国也有很多从事畜牧工作的人员，但是远远不能满足实际需要。

最后，美国养牛采用精细化管理，如对于体质不同的肉牛选择分批管理模式，保证每头肉牛都可以获取足够的营养。对于母牛产仔，美国的养殖者一般都能保证母牛有足够的发情率以提高繁殖能力，我国只有较大规模牛场才能做到同期发情。2010—2015 年美国肉牛养殖行业发展现状如表 4-16 所示。

表 4-16　2010—2015 年美国肉牛养殖行业发展现状

单位：万头，%

年份	存栏量	出栏量	出栏率
2010	9 408.10	3 528.50	37.50
2011	9 288.70	3 508.80	37.80
2012	9 116.00	3 386.20	37.10

（续）

年份	存栏量	出栏量	出栏率%
2013	9 009.50	3 335.30	37.00
2014	8 852.60	3 085.70	34.90
2015	8 914.30	2 931.90	32.90

数据来源：USDA。

（2）澳大利亚。 2017 年澳大利亚肉牛存栏量为 2 775 万头，年出栏量为 947.5 万头，出栏率为 34.14%，高于全球同行业，如表 4-17 所示。

一是采用全产业链运营模式。龙头公司与当地的养殖户签订合同，向养殖户提供牛犊或者冻精，再从养殖户手中回收架子牛，公司与育肥场签订合同，由育肥场按公司的饲养需求育肥。在育肥结束后，公司再回购育成的育肥牛进行屠宰加工。

表 4-17　2012—2017 年澳大利亚肉牛养殖行业发展现状

单位：万头，%

年份	存栏量	出栏量	出栏率
2012	2 850.6	853.9	29.96
2013	2 841.8	1 078.3	37.94
2014	2 929.1	1 106.3	37.77
2015	2 910.2	939.4	32.28
2016	2 741.3	935.0	34.11
2017	2 775.0	947.5	34.14

数据来源：USDA。

在这个链条中，公司在育种、育肥和加工中处于损失状态，最终在终端产品的销售中获利。

二是高效的繁殖计划和完善的育种体系。澳大利亚牧场繁育使用 250 头和 200 头两组进行。育种计划于每年 5 月底开始。第一组是第一次发情，超数排卵，新鲜胚胎移植和进口冷冻胚胎移植。胚胎和繁殖公牛的任务由牧场主完成，选择的胚胎移植技术由当地的兽医进行。

在澳大利亚的养殖户理念中，很重视肉牛的繁育工作，从种公牛挑选、母牛繁育能力评价到培育环境考察等都相当严格，还会从不同国家引进不同肉牛品种进行杂交互补，吸收各国优质的种牛品种。

澳大利亚拥有规模比较庞大的实验室科学团队，这些实验室运用现代化技术手段进行高品质肉牛的研究，也促进了澳大利亚肉牛的发展。

2. 经验借鉴

（1）政府部门的支持力度非常大，不管是在政策上还是调控方面做得都相对比较完善。

（2）走科技兴农道路。美国和澳大利亚在肉牛养殖的整个链条当中，从肉牛繁育、肉牛育肥到肉牛屠宰加工，每一个环节都展现着科技实力，在肉牛繁育中，两个国家均注重良种培育和母牛健康以及种牛活力。反观河北省的肉牛养殖，存在"重育轻繁"的现象，虽然这是由于河北的特殊地理位置和习惯造成的，但也导致河北省的肉牛品质比较复杂，难以形成稳定的性状，所以河北省应该注重科技硬实力的提升，提高肉牛养殖的专业化技术水平，注重科技支撑。

（3）美国、澳大利亚的养殖模式多为"龙头企业＋养殖户""养殖场＋完善的后勤保障"模式，这样的养殖模式在资金上比较充足，尤其在降低养殖风险上效果非常显著。而河北省的养殖模式多为散养户和小规模养殖场的养殖模式，这种分散的养殖模式市场风险较大。所以河北省应该根据自己的实际情况，构建"龙头企业＋养殖户""龙头企业＋养殖小区""养殖专业合作社＋养殖户"等具有合作模式的抱团式养殖方式，提高自己的竞争力。

（二）国内肉牛养殖业经验及借鉴

1. 山东规模养殖发展经验

山东以品种改良模式和龙头企业带动模式为主，前者以山东中益牧业有限公司的肉牛品种改良养殖及产业化发展为代表。山东中益牧业有限公司作为农业农村部认定的国家肉牛牦牛产业技术体系综合试验站、国家肉牛核心育种场，凭借自身掌握的肉牛胚胎生物技术优势，结合国家肉牛牦牛产业技术体系专家在肉牛饲养、育肥、屠宰加工等方面的技术力量，研发肉牛饲养和育肥模式。该公司根据肉牛不同育肥标准采用精细化、定制化加工分割方案，使用精准包装、冰鲜保鲜等技术提升牛肉产品附加值。通过各项技术的集成，建立了一整套肉牛遗传育种、繁殖、养殖、疫病控制、粪污处理等高科技管理模式，取得良好的经济和社会效益，使其成为我国高新科技养殖模式的典范。山东中益牧业有限公司现有 6 处种牛繁殖基地、2 处改良牛实验地和 2 处科技园。该公司在科研中以山东农业大学为技术依托，目前有 14 位来自中国农业科学院、山东农业大学和山东农业科学院的专家教授，有专业科研人员 23 名，中级职称人员 42 名，在肉牛引种、新品系培育、杂交改良和高效饲养技术研究方面获得多项研究成果。公司以胚胎生物技术为特色，有效带动了周边农户的畜牧生产，为国内的良繁事业做出了重大贡献。

龙头企业带动模式以山东明阳牧业的肉牛养殖为代表。山东明阳牧业是一家民营企业，成立于 2013 年 6 月，项目建设地址为山东省菏泽市。公司注册资金 1 000 万元，占地 300 亩，被农业农村部评为"畜牧养殖龙头示范单位"。该公司的主要业务包括三个部分：一是高品质肉牛繁育、养殖、育肥与销售，这也是主业；二是有机肥料的生产和销售；三是有机农产品的种植和销售。目前，公司拥有高标准牛舍 11 栋，其中有 3 栋用于肉牛繁育，实施胚胎移植技术培育与品种改良，重点繁育安格斯高档肉牛与销售，其余 8 栋牛舍主要是以租赁方式租给养殖户使用。公司的建设依托本地区丰富的草、牧、土地、劳动力等资源，在政府及农牧等部门的大力支持下，以"年出栏万头牛及生态农业"的建设项目为引导，积极发展农畜产品养殖和生态农业。项目建设总投资为 15 779.65 万元。项目实施后，可年出栏优质肉牛 10 000 头以上，销售收入达到 11 000 万元以上，利润 1 291.1 万元以上；年产优质有机肥 5 000 吨，利润 500 万元以上；利用自产有机肥及农家肥进行有机蔬菜种植 500 亩，谷子、高粱等特种农作物 300 亩，打造自主品牌、提升产品价值、开拓电商等销售渠道，利润也将能够达到 200 万元以上，经济效益显著。

（1）形成了肉牛养殖、饲料加工、粪污处理、水产养殖、生态有机种植的良性循环生态产业链，实现了农业全产业链经营。

（2）以租赁方式为当地养牛户提供标准化牛舍，形成养殖小区模式。从管理角度看，目前还没有完全形成统一管理，公司仅仅和养殖户签署了租赁牛舍、统一防疫、统一粪便处理几方面的协议，公司为养殖户提供场房，提供堆粪厂与污水池。各家各户有自己的清粪车，但是没有形成统一的饲养、统一的饲料、统一的销售。未来的设想是实现小区内的统购饲料、统一技术指导、统一肉牛销售，形成真正的规模优势。

（3）实现了肉牛养殖与生态农业发展的有机结合。早在 2013 年公司成立之初，公司便依托当地丰富的草、牧、土地、劳动力等资源，在政府农业和畜牧业部门的大力支持下，从农畜产品养殖和生态农业建设两方面同时起步，将

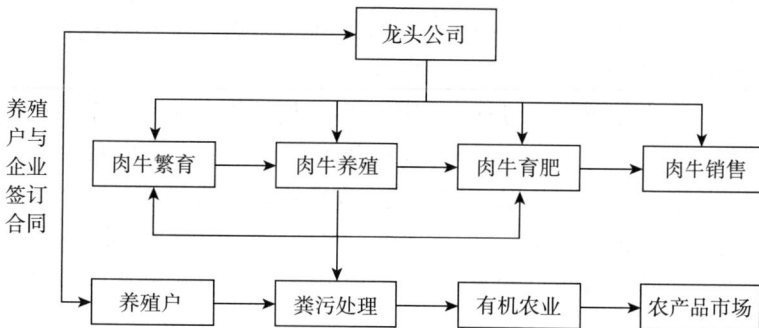

图 4-11　"育肥场＋养殖小区"的龙头企业带动发展模式图

肉牛产业链不断延伸，努力打造以肉牛养殖为核心的绿色、生态、有机新型农牧业生产链可循环利用，促进农牧业结构调整，提高农牧业综合效益和市场竞争力。

2. 河南规模养殖发展经验

河南省 2018 年肉牛存栏 373.4 万头，肉牛出栏 231.2 万头，牛肉产量 34.8 万吨。河南省基础育种产业积累多年，已形成四个国家级种公牛站，分别为郑州鼎元种公牛站、洛阳洛瑞种公牛站、许昌夏昌种公牛站、南阳昌盛种公牛站。河南省引进了西门塔尔、夏洛莱、德国黄牛、皮埃蒙特、安格斯等品种肉牛，地方良种为南阳牛、郏县红牛，培育良种为夏南牛。河南省形成了完整的人工授精网络，市、县级液氮中转站 120 多个，全省冷配站点 3 600 多个，从事改良人员 8 000 余人。河南省政府出台的《现代肉牛产业优势集聚区建设实施方案（2010—2020 年）》，规划了 40 个肉牛育肥基地，属于优势产区，规划了 30 个基础母牛重点养殖基地，集中在豫西豫南浅山丘陵区和黄河滩区。

河南省主要从以下两个大方面进行肉牛规模养殖：

(1) 科技方面创新和支撑产业发展。 在科技创新方面进行肉牛繁殖技术的研究与应用，优化肉牛超数排卵技术；优化体外胚胎生产技术；改进牛 ICSI 技术方案，构建了一母二父胚胎；分析了 IVF 和 Pa 胚胎的基因组甲基化差异；分析牛子宫中的微生物的种类与丰度，肉牛精准繁殖技术应用，全面提高了示范场的繁殖率；开发了鉴定南阳牛、郏县红牛种质来源的分子标记；对南阳牛、郏县红牛、夏南牛开展了细胞保种和胚胎保种等工作；综合测定了皮埃蒙特牛改良南阳牛效果、德系西门塔尔牛改良乳肉兼用牛效果。

(2) 重视疫病防控。 包括繁殖障碍的诊疗、子宫内膜炎的诊疗、犊牛腹泻的防控等。结合 B 超技术辅助的繁殖疾病预测和诊断，建立了肉牛群体繁殖疾病早期诊断与治疗技术平台，极大地提升了肉牛繁殖疾病早期诊断和治疗的效率，从而提高了肉牛群体的繁殖力。并建立了犊牛腹泻 5 种快速检测方法和 5 项综合预防控制措施，提高了犊牛成活率。

(3) 重视肉牛支撑产业发展。 积极开展科技扶贫工作，体系成员承担万人包万村科技扶贫项目、10 多个县科技扶贫项目、三区人才项目等。为打赢脱贫攻坚战提供了强有力的技术支撑。根据农业厅、畜牧局等相关主管部门的安排，参与撰写或讨论了包括："四优四化与畜牧业""动物育种中心建设""河南省高效种养业转型升级行动方案"等在内的 20 余项政策建议或产业规划等用于决策咨询。

五、河北省肉牛规模养殖发展对策建议

（一）针对政府的对策建议

1. 加强对肉牛产业的扶持力度

首先，改变"重育轻繁"的肉牛产业发展思想。必须解放思想，从目前的"重育轻繁"转变为"繁育并重"。其次，制定鼓励和支持政策，包括金融、税收、保险和土地等各个方面。发改委、农业厅等部门利用项目财政资金，通过补贴、利息补贴和股权参与支持母畜养殖场和公牛站的建设和发展。在省级政府优惠范围内，加大对种母牛场和种公牛站的各种税收、收费优惠力度。创新开发种肉牛和种公牛政策性保险产品，提高种肉牛场和种公牛站抗风险能力。对种肉牛场和种公牛站的建设实行更为宽松的土地使用政策。再次，鼓励高校、科研院所与种肉牛场和种公牛站进行校企联合，充分发挥大学和研究机构的技术和人才优势。最后，加大基层畜牧专业技术人员的培训力度，解决肉牛繁育技术和养殖技术的"最后一公里"问题。

2. 健全良种繁育体系

大力推进肉牛良种改良技术推广工作。肉牛繁育坚持引进和局部培育相结合，探索当地牛品种资源改良工作，积极引进国外优良品种或者国内优质种牛品种，并探索肉牛杂交技术，培育品质优良的新肉牛品种。

建立标准化、规范化肉牛屠宰加工体系，推广牛肉深加工技术，对牛胴体实施精细化分割，提高牛肉附加值。

3. 健全调控机制

替代品、原饲料、进出口贸易和经济政策等因素不同程度地影响了肉牛产品的市场价格。为确保价格的稳定，应该严密监控上述因素的发展变化，建立健全相关市场预警机制，积极防范不确定事件对牛肉市场和价格的影响。

首先，完善替代品及饲料市场预警与调控机制。牛肉市场的早期预警以及猪肉、鸡肉和羊肉等替代品，玉米、豆苜蓿和麦麸等原料的预警和控制机制有效结合，确保整个畜牧业和价格体系的顺利运行。对于畜禽疾病及自然灾害等不可控因素，合理利用现有机制及时合理调节市场，减少不确定性的负面影响是合理的。

其次，利用地域优势发展河北省牛肉品牌，提高生产者收益。河北省地处京津冀协同发展核心区域，应充分利用地域优势开发京津市场，通过多种形式，做优做精特色品牌，做大做强企业品牌，通过品牌营销进入市场消费领域，提供能满足现代生活需求的高品质牛肉产品。

4. 积极应对贸易战

在进口饲料面临困境的情况下，应积极挖掘河北各地丰富的秸秆、土豆秧、酒糟等当地资源，以弥补饲料、饲草不足。河北不同地区种植作物差别较大，许多作物秸秆都可以作为肉牛的饲草。但在当前豆粕供应紧张的情况下，可加大大豆种植补贴的力度，鼓励种植专门用于饲料的转基因高产大豆，以弥补目前豆粕供应缺口。

（二）针对规模养殖场（户）的对策建议

1. 因地制宜适度规模养殖

肉牛繁育应采用不同发展思路：肉牛繁殖采取农户散繁方式，如张家口、承德农村地区和山区土地、草场、秸秆资源丰富，农户养牛还可以脱贫致富。也可以利用"小母牛项目"的扶贫方式，解决养殖户的资金不足问题。但这两种方式必须保证对农户养殖进行技术支撑和技术跟进，化解疫病风险。肉牛育肥则适度规模化，在满足环境、环保、疫病防治等基本约束下，提高肉牛养殖规模。

2. 提高肉牛养殖技术水平

全面提升肉牛养殖技术水平是提高经济效益的关键。第一，提高饲料配方的科学性，注重饲料的合理搭配，精饲料与粗饲料科学合理进行组合化喂养，在肉牛的不同成长阶段要调整相应的饲料搭配，以期达到营养最大化。第二，加大粪污处理力度。注重肉牛养殖过程中产生的粪尿的清理回收，保持肉牛饲养环境的安全性以及降低对环境的污染。第三，畜牧局加强养殖技术培训力度，为标准化养殖提供技术支持。

3. 加强疫病控制

养殖场按照要求建立卫生防疫体系，严格区分生产区与生活区，在养牛场生产区入口处设立消毒池，保持环境清洁卫生；制定消毒程序，清理牛场，并定期消毒。同时，要根据肉牛的生长阶段和饲养环境的变化，确定消毒药物及次数；注意日常检疫工作，每年定期检查牛群，严格控制牛群进入市场；定期驱虫，春季和秋季消毒后选择适当的常规驱虫。提高免疫意识，科学地利用疫苗群的防控，提高疫苗接种效率；根据实际农业条件制定合理的免疫规划。

专题五：牛肉及饲料粮进口对河北省肉牛产业的影响分析

河北省东与天津毗连并紧傍渤海，临近天津港口与黄骅港口，在产品进口上地形便利，在运输上具有成本优势。基于此，本章从饲料粮、活牛、牛肉进口等角度阐述进口贸易对河北省肉牛产业带来的影响，并提出促进河北省肉牛产业持续发展的建议。

一、中国牛肉及饲料粮进口情况

我国进口贸易中，与肉牛产业相关的产品为牛肉、活牛及饲料粮进口。从近两年数据看，牛肉进口量激增。

2017年牛肉产品进口量为73.11万吨，进口额32.80亿美元，其中冻牛肉、活牛、鲜冷牛肉进口额占比分别为91.19%、6.57%、2.24%。与2017年相比，2018年牛肉产品进口量109.36万吨，进口额为50.68亿美元，牛产品进口以冻牛肉、活牛、鲜冷牛肉为主，进口额占比分别为92.00%、5.31%、2.69%。其中冻牛肉进口前五位主要来源国为巴西、澳大利亚、阿根廷、乌拉圭、新西兰，占比分别为32.64%、18.98%、16.87%、16.23%、10.91%。活牛进口来源国为澳大利亚、新西兰、乌拉圭，进口额占比分别为80.79%、10.07%、9.13%。鲜冷牛肉进口来源国前三名为澳大利亚、新西兰、美国，进口额占比分别为82.75%、14.04%、3.12%。

2018年饲料粮进口与2017年基本持平，进口产品以大豆为主。2018年饲料粮进口中，大豆进口量占比为95.71%。我国进口饲料以玉米、大豆、麸皮为主，2018年进口量为9 198.15万吨，进口额389.70亿美元，其中大豆进口额占比97.71%，玉米进口额占比2.01%，麸皮进口额占比0.28%。2017年进口饲料进口量为9 867.58万吨，进口额为403.15亿美元，其中大豆、玉

注：全国贸易数据来源于Uncomtrade数据库，河北省贸易数据来自中国海关，并经整理所得；全国及河北省肉牛存出栏量来自《中国统计年鉴》《河北统计年鉴》及行业统计内部数据。

米、麸皮进口额占比分别为 98.32%、1.49%、0.19%。2018 年进口饲料进口额比 2017 年减少 3.34%。

二、牛肉及饲料粮进口对河北省肉牛产业的影响

近几年来，进口牛肉、活牛及饲料粮量的增加，对河北省肉牛产业的发展既有促进作用，又给河北省肉牛养殖带来了一定挑战。

（一）河北省肉牛产业对饲料量进口依存度增大

河北省进口饲料粮以大豆为主，2017 年进口大豆 571.38 万吨，进口额 162.35 亿元，2018 进口大豆 471.70 万吨，进口额 136.69 亿元。2017 年河北省大豆进口价格为 2.84 元/千克（2017 年河北省大豆进口额除以大豆进口量），同理得出 2018 年河北省大豆进口价格为 2.90 元/千克。由此可见，进口大豆价格较稳定。2018 年河北省豆类产量 28.1 万吨，占大豆进口量的 16.79%，可见河北省大豆产量低下，河北省对进口大豆需求明显。可以得出河北省肉牛产业肉牛饲料对外依存度增大。

（二）进口牛肉价格降低了河北省同类牛肉产品的竞争力

我国进口牛肉产品价格为 30.67 元/千克（2018 年进口牛产品进口额 50.68 亿美元除以进口数量 109.36 万吨，2018 年美元兑人民币平均汇率为 6.6174），2018 年全国牛肉批发平均价格为 57.46 元/千克。国内牛肉价格明显高于进口牛产品价格，且进口牛肉品质高于农区饲养肉牛品质，进口牛肉竞争力更强。进口牛肉价格低，进口量增长，在一定程度上抑制河北省牛肉价格增长，缓解牛肉供应不足问题。竞争力弱的省内牛肉会受到市场价格冲击，造成农户收益减少。

（三）活牛进口在河北省冷鲜牛肉的销售市场上具有较强竞争力

2019 年 10 月，牛肉进口量为 15.08 万吨，同比增长 63.2%（数据来自中国海关），进口牛肉量在急剧增加。活牛进口、当地屠宰迎合了消费者习惯食用鲜肉的消费需求，同时也缓解了当地肉牛养殖环保压力。根据中澳自贸协定约定，中国每年从澳大利亚进口肉牛 100 万头。活牛进口更能弥补国内同等冷鲜肉类的短缺，更能促进消费转型升级，但同时在一定程度下，也对河北省冷鲜牛肉的销售形成一定的挤占效应。

据调研得知，2019 年 11 月活牛到岸价格为 3.27 美元/千克，加上增值税

等费用后的成本仍低于国内肉牛收购价格的20％～30％；并且活牛主要来自草原，活牛品种主要为安格斯、抗旱王牛等，品种批次统一，避免了国内采购牛源品种杂、标准不统一等劣势，品质也好于国内农区饲养肉牛品质。进口活牛在国内具有较强的竞争力，同时也是对国内牛源紧缺的有益补充。

（四）牛肉产品进口对河北省肉牛存、出栏量影响较小

随着城镇化逐步推进，80后、90后群体正逐步成为新型、时尚、高档消费的主力军，对牛肉的消费需求也逐步增加。在当前供需趋紧的形势下，近一年来牛肉价格高位运行，养殖效益较好，拉动肉牛养殖较快发展。

全国及河北省的牛存、出栏量基本稳定。2018年底全国牛存栏量8 915.3万头，与2017年底存栏量相比下降1.3％，2018年全国牛出栏数量4 397.48万头，与2017年出栏量相比增长1.3％。2018年底河北省牛存栏量为342万头，较2017年下降4.88％；2018年出栏量为345.60万头，较2017年上升1.5％，变化较小。

三、牛肉及饲料粮进口增加对河北省肉牛产业发展的挑战

（一）肉牛养殖成本高，亟需降本增效

进口牛产品价格低，品质高端，在一定程度上缓解了国内牛肉供需紧张的局面，且进口牛产品有一定的竞争优势，深得消费者喜爱。活牛进口、当地屠宰等活动，满足了消费者鲜牛肉的消费需求，同时也缓解了省内肉牛养殖环保压力。在强竞争的环境下，河北省肉牛养殖面临着高成本、低效率的挑战，河北省肉牛养殖的成本利润率为24.15％，全国平均的成本收益率为28.03％，河北省成本利润率低于全国平均水平。高成本主要来源于人工成本、土地流转、购买仔畜费等的增加。根据调研得知，河北省某肉牛养殖场2019年300千克左右的牛犊涨到了12 000元，仔畜费在成本费用中所占比重较高。

（二）贸易风险使得肉牛产业发展不确定性增加

随着对外开放程度增加，我国牛产品对外国进口依赖增加。随着改革开放程度加大，全球对外贸易合作意识加强，国际贸易摩擦问题会给我国肉牛市场带来冲击。2018年河北进口牛产品4 711.62吨，进口额1.71亿元，其中活牛进口额占78.18％。其中河北省向澳大利亚进口活牛10 258头，进口量3 362.85吨，进口额1.33亿元，活牛进口依赖性强。2018年我国进口饲料中大豆进口量占比为95.71％，由于中美贸易及与其他国家贸易的不确定性因素增加，使得河北省肉牛产业发展的不确定性增强。

（三）高品质牛肉进口使得河北省牛肉市场占有率受到冲击

河北省肉牛地方优良特色品种少，知名品牌少，缺少竞争力。本地肉牛品质较差，与进口高端牛产品品质有差距。河北省种公牛进口依赖程度大，地方特色品种开发少。河北省牛肉不能满足部分高端消费者需求，造成一定程度的市场空缺。调研发现：河北某肉牛屠宰加工企业，虽然高端牛肉市场庞大，高端消费者对价格不敏感，但是省内牛肉品质不能满足消费者需求。而进口高端牛产品品质高端、价格较低、品牌知名度高、品牌影响力大，可以满足高端层次消费者需求，弥补高端牛肉市场的空缺。

四、对河北省肉牛产业发展的建议

（一）促进肉牛良种繁育体系建设

河北省肉牛品种以西门塔尔、夏洛莱以及大型杂交牛为主，散户养殖多为本地黄牛、杂交改良牛、淘汰奶牛和淘汰奶公犊。河北省优良种公牛严重依赖进口，优良品种开发少、繁育水平低，肉牛个体小、生长缓慢等问题突出，地方特色品种不鲜明。河北省肉牛养殖场以育肥为主，架子牛多从内蒙古、吉林等地外购，物流运输不便利，导致牛应激反应生病或死亡造成损失，无形中增加成本。因此，应实施肉牛遗传改造计划，引进优良品种，利用先进的技术手段进行基因改造，建立当地肉牛基因库，促进肉牛良种繁育体系建设，开发肉牛当地特色品种。

（二）鼓励能繁母牛繁育

政府应给予能繁母牛养殖工作政策扶持，针对能繁母牛养殖周期长、风险大、效益低、存栏数量少等问题，政府应给予财政补贴，多方面促进农户养殖母牛积极性，提高肉牛繁殖能力，从而缓解牛源紧张问题。

（三）多措施鼓励规模养殖

农业部门应加强引导，扩大肉牛规模化养殖场，强调标准化规模养殖，提高标准化生产水平。金融保险政策方面，当前多针对奶牛养殖，肉牛养殖保险政策少，农业保险覆盖不全面。农户购买肉牛养殖相关保险意识弱。据调研得知，2019 年 1 头 400 千克能繁母牛价格在 15 000～16 000 元，一旦发生疫病等风险，养殖户损失惨重，政府应引导农户合理规避风险，加大养殖保险覆盖面。金融扶持政策方面，当前农户养殖投资加大，资金周转慢。政府应鼓励金融体系给予农户资金扶持，鼓励农户贷款，适当延长贷款时限，减轻（免）贷款利率。

（四）强化科学饲养，种养结合，降低养殖成本

强化科学饲养，鼓励实施种养结合，降低养殖成本。养殖户观念落后，牧草饲料喂养少，应当积极开发饲草料资源，降低饲料成本，重视科学饲养。鼓励人工草场放牧饲养基础母牛，提高动物福利待遇，为母牛提供更好的繁育条件。推进饲草料多元化，提高农作物秸秆利用率，同时，扩宽进口渠道，鼓励进口来源国多元化。加强饲料的技术研发，通过技术手段提高秸秆的饲用价值。针对饲料配方不科学，给予正确指导。鼓励健康养殖和生态循环相结合，探索适合肉牛产业发展的绿色养殖模式。

（五）加强品牌建设，提升产品品质

肉牛屠宰加工企业应以市场需求为导向，促进产品的转型升级。河北省规模肉牛屠宰加工企业少，集中化程度低，品牌意识较弱。屠宰加工企业作为产业链的重要环节，应不断整合上下游环节，打造地方牛肉品牌，形成自身品牌竞争力。政府积极引导繁育、养殖、屠宰、加工、销售环节相互配合，相互合作，促进肉牛产业健康发展。

专题六：河北省活牛进口现状、典型模式及经验启示

一、河北省活牛进口及企业现状

（一）活牛进口现状

2015 年，中澳两国签订了最新的屠宰用活牛贸易检疫卫生议定书，中国每年从澳大利亚购进 100 万头活牛，首次放开肉用活牛入境。2015—2019 年，活牛进口已有 4 年的时间。河北省东与天津毗连并紧傍渤海，临近天津港口与黄骅港口，在活牛进口上地形便利。河北省 2017 年共进口 9 209 头活牛，2018 年共进口 10 258 头活牛，较 2017 年增加 11.39%。河北省进口活牛企业主要集中在黄骅市，其中规模较大的为鑫茂肉类食品有限公司。

（二）企业经营现状

黄骅市鑫茂肉类食品有限公司成立于 2014 年，为国家首批澳洲进口及宰牛定点屠宰企业之一，位于河北省黄骅市畜牧产业园。为入驻园区的首家大型肉牛加工企业；黄骅市农业产业化重点龙头企业。

公司注册资金 1.35 亿元，目前公司已建成仓容 4 000 吨的仓储中心一座和年屠宰能力 30 万头的屠宰加工厂一个，总占地面积 28 000 平方米。经营产品主要为冰鲜肉，拥有"鑫茂肉食"与"牛品文"两个品牌，具有专业的澳洲活牛进口企业的品牌形象及澳洲牛肉第一品牌形象。在河北、山东、辽宁、黑龙江等地共有 4 个进口活畜隔离场，是中国隔离场数量最多、隔离能力最强的公司。在黄骅拥有四个符合国家级标准的现代化大型隔离场，单批次可隔离肉牛 8 000~12 000 头，同时总隔离量可达 24 000 头，可连续性生产。公司自 2018 年 1 月开始进口，截至 2019 年 11 月，共进口 13 船，共计 34 000 余头活牛。将澳洲高品质即宰肉牛进口到国内，在境内完成肉牛隔离检疫、屠宰加工、精细分割，打破了牛肉生产以国内牛为主、以冻品为主的格局，引导了国内健康的牛肉消费观，为市场持续提供澳牛鲜品。

二、典型模式运作流程及特色

（一）典型模式运作流程

鑫茂公司澳大利亚肉牛定点屠宰加工项目主打"澳洲活牛进口、即宰鲜售"模式，将澳大利亚高品质肉牛进口到国内，在境内完成肉牛隔离检疫、屠宰加工、精细分割，以鲜品形式供应到市场，打破了牛肉生产以国内牛为主、以冻品为主的格局，引导牛肉消费走向健康发展。肉牛进口、屠宰加工流程及模式运行如图 6-1 所示。具体创新主要体现在肉牛来源、合作方式及销售方式等方面。

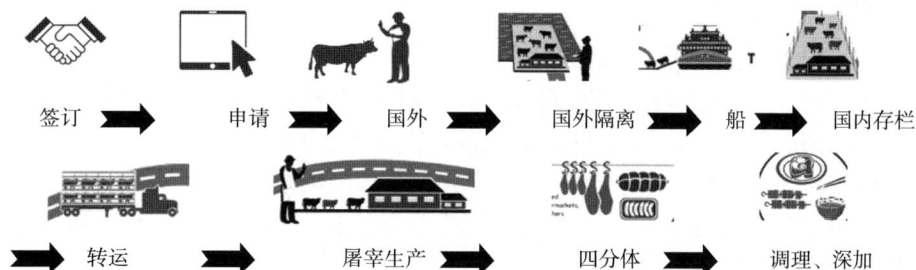

签订 → 申请 → 国外 → 国外隔离 → 船 → 国内存栏

转运 → 屠宰生产 → 四分体 → 调理、深加

图 6-1　肉牛进口及屠宰加工流程及模式

1. 创新活牛来源地

与国内传统肉牛屠宰加工企业屠宰对象主要来源不同。该公司主要由澳大利亚进口活牛。进口活牛具有成本低与品质好的两大优势。由于澳大利亚草原面积广阔，肉牛养殖成本低，具有成本优势。据公司负责人介绍，目前（2019年 11 月）活牛到岸价格为 3.27 美元/千克，加上增值税等费用后的成本仍低于国内肉牛收购价格的 20%～30%；并且活牛主要来自草原，活牛品种主要为安格斯、抗旱王牛等，品种批次统一，避免了国内采购牛源品种杂、标准不统一等劣势。品质也好于国内农区饲养肉牛品质。进口活牛在国内具有较强竞争力，同时也是对国内牛源紧缺的有益补充。

2. 牛源采购采取订单模式

与国内传统肉牛屠宰加工企业采取"即买即宰模式"不同，公司需提前一年与澳大利亚活牛出口商签订采购协议。出口商按照协议再向牧场（户）下订单进行生产。协议价格一旦签订，合同期内不会变更，为鑫茂公司锁定了生产成本。合同约定进口活牛的平均活重与月龄，如果与合同约定不符，将面临赔偿的责任。目前该企业与活牛出口商约定进口活牛每批次平均活重 550 千克/头，口龄为 18～34 月龄，平均月龄为 26 月龄。超过此标准，澳大利亚活牛出口商将面临赔偿责任。

3. 销售采取"即宰即售"模式

肉牛进口在签订国外协议后，需要每批次申请隔离场使用和进境动物检疫许可证，牛只在国外隔离场隔离 14 天，船运 14 天到达中国境内港口，在境内指定隔离场存栏隔离，由于疫病潜伏期在 14 天，所以检疫部门要求活牛在 14 天内屠宰完毕，以带骨四分体或精细分割部位肉等冰鲜肉的方式进入牛肉消费市场。公司出于资金周转的需要，目前主要采取批发的方式进行销售，销售地区遍及全国各地，河北省内销售也占有一定比例。公司为沃尔玛、月胜斋等公司原料肉的供应商。

（二）运行特色

1. 与澳大利亚合作，保证上游牛源稳定

澳大利亚五大活畜出口供应商都是鑫茂长期合作伙伴。LANDMARK、维拉德、北澳、福天然、AUSTREX 等都与鑫茂建立了稳定、友好的贸易关系，鑫茂深得各出口商的信任。出口商在澳大利亚的团队包括牛只买手、船运协调员、动物福利专家等专业团队，确保活牛品质；长期承包两艘中小型畜牧船，确保供应链的连续性。

牛源中，谷饲牛的比例为 95％，97％为公牛，阉割牛占到 98％，口龄 24～36 个月的占 99％，品种为安格斯、抗旱王牛、波罗门及杂交。进口活牛每批次都保持极高的同质性，重金属残留少，使上游牛源品质供应稳定。

2. 利用区位优势经营建厂

公司地址所处黄骅市，区位独特，位于渤海湾穹顶处，距黄骅港 45 千米，距北京市 200 千米，距天津市 100 千米，具有进口及销售的地域优势。并且黄骅是全国平原地区苜蓿生产第一地区，拥有大量的盐碱地资源，境内盐碱荒地、滩涂等未利用地近 70 万亩，是发展畜牧养殖业的"黄金宝地"，为公司活牛进口到国内后提供了饲料成本优势，并为公司今后发展种牛项目提供了区位保障。

3. 规模隔离场数量是公司运行的保障

鑫茂在中国的河北、山东、辽宁、黑龙江等地共有 4 个进口活畜隔离场，是中国隔离场数量最多、隔离能力最强的公司。规模隔离场分别位于大连旅顺、黄骅张赵村、黄骅许官村、青岛黄村，占地面积分别为 120 亩、342 亩、370 亩、114 亩。每批存栏量为 3 000 头、12 000 头、4 500 头。鑫茂在黄骅拥有四个符合国家级标准的现代化大型隔离场，单批次可隔离肉牛 8 000～12 000

头，同时总隔离量可达 24 000 头，按照动物检疫的要求，每个隔离场在 14 天屠宰完活牛后，需 1 个月后才允许放置活牛。公司规模隔离场的数量保障了公司的连续性生产。

4. 活牛进口国内严格把控屠宰环节保证了牛肉品质

公司从企业屠宰标准制定、屠宰工艺、屠宰分割环境及人员配备等方面上严格保证牛肉品质。公司以产品质量为生命线，建立高于国家标准和行业标准的企业标准，质量认证体系 ISO 9001、HACCP、ISO 22000 已全部验收合格。屠宰厂所有产品均符合清真标准。

在工艺上，活牛进口后，鑫茂公司屠宰加工生产工艺严格按照国家进口肉牛相关标准进行，屠宰加工后进行严格的 48～72 小时排酸，保证牛肉品质维持最佳状态。从生产到精细分割，从包装到运输，全程实现冷链控制。在屠宰分割环境上，屠宰分割车间为 10 万级洁净车间，独创的双冷源冷藏库，确保牛肉在低温状态下保持高品质。人员配备上，鑫茂管理团队来自国内最优秀的进口隔离屠宰加工管理人员。在养殖隔离、屠宰加工、动力设备、质量控制、技术研发等方面聚集了一批行内专业人员。在生产工人中参与进口活体牛屠宰加工 5 船以上的占 65%，技术熟练。

三、经验启示

（一）肉牛来源多元化是缓解国内肉牛短缺的重要途径

中国是世界第三大肉牛生产国，肉牛生产是肉牛产业可持续发展的基础。牛源阶段性短缺已经成为中国肉牛产业稳定发展亟待解决的重要课题。尽管科尔沁、恒都、皓月等行业龙头都开始了向养殖环节延伸，但目前仍无法有效缓解牛源短缺现象。据中国海关进口数据来看，2019 年 10 月，牛肉进口量为 15.08 万吨，同比增长 63.2%，进口牛肉量在急剧增加。活牛进口、当地屠宰迎合了消费者习惯饮食鲜肉的消费需求，同时也缓解了当地肉牛养殖环保压力。根据中澳自贸协定约定，中国每年从澳大利亚进口肉牛 100 万头。活牛进口更能弥补国内同等冷鲜肉类的短缺，更能促进消费转型升级。

（二）区位优势是公司可持续发展的关键

区位优势主要包括地理优势、区位资源禀赋等方面。区位优势对于公司经营项目选择、可持续发展非常关键。鑫茂公司经营项目主要以进口活牛为主，正是利用了黄骅市近港口节省运输成本的优势；该公司建立配套大规模隔离场利用当地滩涂盐碱地 70 余万亩的土地资源优势；同时黄骅市还是苜蓿生产的主产区，为公司未来开展种牛饲养项目，进行牛犊销售提供了饲料保障。

（三）产品质量严格把控是品牌效应显现的前提

鑫茂公司拥有"鑫茂肉食"与"牛品文"两个品牌。"鑫茂肉食"主要用于 B2B 业务，具有专业的澳洲活牛进口企业的品牌形象。为广大的合作伙伴提供高品质、货量充裕的澳洲活牛原料肉。"牛品文"主要用于 B2C 业务，为消费者树立澳洲牛肉第一品牌的形象。公司将澳洲的最好牛肉送到消费者的餐桌上，让消费者爱上牛肉，持续消费牛肉。

公司品牌为澳洲活牛进口企业的品牌及澳洲牛肉第一品牌，为了保障产品品质，公司从屠宰标准、屠宰工艺、屠宰车间环境控制等方面进行了严格监控，并从屠宰管理人员、车间工作人员的配置上进行了严格挑选，从人员上做好了质量保证工作。

专题七：河北省肉牛养殖金融服务现状及对策研究

肉牛养殖金融服务是指通过政府推行贷款贴息、提供风险补偿金、建立贷款担保平台等肉牛产业扶持措施，以此鼓励金融机构积极参与肉牛产业生产经营，提供多样化的信贷产品，创新金融服务模式，解决肉牛养殖的资金难题，满足肉牛养殖主体的金融需求，保障肉牛产业持续发展的服务。本专题从金融服务政策和推行的具体金融措施两方面对河北省肉牛养殖金融服务现状进行分析，找出肉牛养殖金融服务中存在的问题，为提出合理的金融服务政策调整建议提供参考依据。

一、河北省肉牛养殖金融服务现状与问题分析

以养殖规模为划分标准，河北省肉牛养殖分为肉牛散养户和规模养殖场，由于肉牛养殖具有资金投入周期长的特点，使得肉牛散养户和规模养殖场的养殖成本均呈上升趋势，而规模养殖场因养殖规模较大，养殖成本更高，更容易导致养殖资金不足情况的发生。因此，创新金融服务产品，提高金融服务水平和效率，对稳定肉牛生产，解决肉牛养殖资金不足的难题具有重要现实意义。

（一）河北省肉牛养殖金融服务政策现状

1. 河北省政府出台的信贷支持政策

（1）河北省委、省政府出台的畜牧业养殖支持政策。 2016 年，河北省人民政府办公厅出台《关于进一步加快现代畜牧业发展的意见》冀政办字〔2016〕211 号文件，提出金融机构要拓宽贷款抵（质）押范围，推广畜禽养殖保险保单抵押，加快发展畜牧信贷保险，支持其他融资性担保机构为畜牧生产经营主体提供融资担保服务，保险部门要增加畜禽养殖保险种类的要求。2020 年 2 月，河北省委、省政府出台《关于抓好"三农"领域重点工作确保

如期实现全面小康的意见》提出，要求发挥农业信贷担保体系作用，做大面向新型经营主体的担保业务，推动养殖圈舍依法合规抵押融资。

（2）河北省畜牧主管部门出台的相关政策。 2015 年河北省畜牧局专门就肉牛产业发展提出指导意见，充分利用中央财政扶持畜牧业发展资金，加强与金融部门合作，探索融资渠道。通过担保、保险等形式，金融部门要提高信贷审批效率，加大对肉牛肉羊产业发展的信贷支持，探索开展牛羊保险业务，降低牛羊产业养殖风险，提高肉牛肉羊产业生产能力。

（3）河北省扶贫部门出台的政策。 2015 年 5 月河北省扶贫办印发《河北省扶贫贷款贴息资金管理办法（试行）》提出，贴息资金实行贷款人先付息、财政后贴息的政策，建档立卡贫困户贷款额度最高不超过 5 万元，最高贷款期限不超过 3 年；农民合作社最高贷款额度不超 100 万元和扶贫龙头企业贷款额度最高不超过 300 万元，贷款期限不超过 2 年。

2016 年 8 月，河北省扶贫办印发《河北省扶贫小额信贷风险补偿资金管理办法（试行）》提出，风险补偿金对象为使用扶贫小额贷款产品的建档立卡贫困户，对于坏账损失，由风险补偿金和合作银行按 80% 和 20% 比例分担。并以县为单位，对不良贷款率连续一个月超过 3% 的，停止该项业务贷款并组织清收，直至不良贷款率降至 3% 以内，再进行贷款业务恢复。风险补偿金本息损失若每年超过当年贷款总规模 2%，超出部分由县承担，并及时补足损失部分。

2. 河北省金融机构推出的贷款、保险和融资政策

提供农业类金融服务的金融机构有商业银行、保险公司、信贷担保公司、融资租赁公司。下面分别对各金融机构提供的金融政策进行梳理。

（1）中国农业银行的贷款政策。 一是贷款对象：从事农、林、牧、副、渔各业生产经营活动的个体户、专业户和承包户。二是贷款条件：借款人从事某项生产经营活动，有合法证件，并自愿提出借款申请，具有符合规定比例的自有资金或有足够清偿贷款的财产作抵押，具有农业银行账户。三是贷款种类、期限、额度和利息：生产费用贷款用于帮助农户解决农林牧渔生产中的短期贷款，贷款期限一般不超过 1 年，贷款额度一般按借款人生产周期内预计收入的 50% 以内掌握，1 年以内实行利随本清，超过 1 年的实行按年结息。农业开发性贷款用于农村集体和农户从事农村资源的开发和利用，贷款期限一般为 3～5 年，最长不超过 5 年，贷款额度一般控制在投资总额的 50% 左右，实行按年贴息。四是贷款流程：借款人填写借款申请书→银行进行贷款项目调整、审核→借贷双方签署放贷协议→银行支付贷款→银行按期收贷和结息。

（2）中国邮政储蓄银行。 一是贷款对象：18～60 周岁，具有完全民事行为能力的自然人。二是贷款品种：保证贷款，需要1～2名具备代偿能力的自然人提供保证。联保贷款，需要3～5户农户共同组成联保小组。三是贷款额度：贷款最高5万元。四是贷款期限：1～12月，以月为单位，自主选择贷款期限。四是还款方式：分为等额本息还款法（贷款期限内每月以相等的金额偿还贷款本息）；阶段性等额本息还款法（贷款宽限期内只偿还贷款利息，超过宽限期后按照等额本息还款法偿还贷款）；一次性还本付息法（到期一次性偿还贷款本息）。五是申请材料：小额贷款申请表，身份证原件和复印件，常住户口簿或经营居住满一年的证明材料。六是贷款流程：借款人提出贷款申请→银行实地调查→银行审查、审批贷款→借贷双方签订合同→银行发放贷款。

(3) 河北省农村信用社。一是贷款对象：年满18周岁的具有完全民事行为能力的自然人，无不良征信记录，服务辖区内的农户、种养殖大户、农民合作社等客户，且具有合法的抵、质押物。二是贷款种类：小额信用贷款：借款人资信良好，有合法经济来源；用户联保贷款：借款人有担保能力，由不少于5户以上的借款人自愿组成。三是贷款额度：农户小额贷款额度不能超过农户当年综合收入（剔除当年需偿还的其他债务）的70%，联保户贷款总额不能超过联保户当年综合收入（剔除当年需偿还的其他债务）的80%。四是贷款流程：借款人提出贷款申请→银行调查、审查→银行贷款审批→借贷双方签订合同→银行发放贷款→银行贷后检查及收回贷款。

(4) 保险公司。中国太平洋财产保险股份有限公司的具体保险政策如下：第一，保险对象。规模肉牛养殖场、肉牛养殖户、肉牛专业养殖合作社的承保肉牛月龄需在6个月及以上或体重达到150千克及以上。第二，保险责任。在保险期限内，由于意外事故、伤害或可保疾病导致肉牛死亡，保险人将按照保险合同的约定负责赔偿。第三，保险期限。自投保之日起一年，观察期7天。第四，理赔事宜。被保险人必须在肉牛出险的24小时内，向保险人报案并提交理赔申请书。同时，被保险人需提供与确认保险事故的性质、原因、损失程度等有关的其他证明和资料。第五，承保流程。一是投保材料收集：客户申请投保，填写投保单、耳号清单，并由保险人员拍摄承保标的照片。二是投保数量确定：根据当地畜牧主管部门开具的存栏量证明，结合实际养殖情况，对符合条款的养殖肉牛全部投保。三是缴费：核保通过后，保险公司确认已收到保费，保险公司出具保险单。四是报案：保险期间内，投保肉牛因保险责任内疾病或事故造成死亡，被保险人需在24小时内报案。五是影像材料收集：投保人需协助保险公司逐头拍摄出险标的并反映死亡数量，耳号标识以及全部死亡肉牛与被保险人或其代理人的合影照片。六是保险实施方案，见表7-1。

表 7-1　中国太平洋财产保险股份有限公司肉牛保险实施方案

肉牛品种	月龄或体重	保险费用（元/头）	赔偿金额（元/头）
西门塔尔	6～12 个月或	240	6 000
夏洛莱	150～300 千克		
利木赞	12 个月及以上	200	8 000
安格斯	或 300 千克以上		
黑白花	6～12 个月或	240	5 000
杂交品种	150～300 千克		
繁育母牛	12 个月及以上或 300 千克以上	200	7 000

（5）河北省农业信贷担保有限公司。以下简称省农担公司。该公司是经省政府批准，于 2016 年 5 月注册成立的省属国有独资公司，为全省农业适度规模经营主体提供贷款担保服务的公司。该公司贷款担保业务如下：第一，服务行业。包括畜牧水产养殖、粮食生产、菜果茶等农林优势特色产业等。第二，服务对象。包括家庭农场、种养大户、农民合作社、农业社会化服务组织、小微农业企业等。第三，贷款担保产品。目前，省农担公司已经与省邮储银行、省农行、省中行、省工行等 15 家金融机构签订合作协议，总授信额度达到 100 亿元，推出了"冀农担-粮食种植贷""冀农担-粮食收储贷""冀农担-畜禽养殖贷""冀农担-蔬菜种植贷""冀农担-渔船贷""冀农担-普惠贷"等产品。第四，产品特点。一是额度合理：针对肉牛核定标准 6 000元/头，存栏规模在 20 头以上，单户担保额度在 10 万（含）～300 万元（含）。二是担保费用：借款人融资成本由银行贷款利息和担保费两部分组成，不再收取管理费、服务费、手续费、中介费等其他费用。银行利率最高不超过年化利率 6.4%，担保费按年化 1.5%优惠收取，融资总成本控制在8%以内。三是担保方式：担保额 100 万元及以下一般以信用担保为主，包括成年子女和第三方自然人；担保额 100 万～300 万元相应提供房产、土地等抵押物。第五，申请渠道：借款人向合作银行的县级经办行咨询申请，向省农担公司总部或分支机构咨询申请，向与省农担公司签约"政担"合作协议的县（市、区）的财政、农业等相关部门咨询申请。第六，准入条件。自然人年龄 20～63 周岁（含），省内有固定住所。法人有相关部门核准登记并在有效期内的经营证照和企业章程，无不良征信记录，从事畜牧养殖经营时间在 3 年（含）以上，存栏规模符合标准。自然人需具有固定经营场地并能提供相应的租赁、承包、流转合同、协议或自有证明。第七，业务办理流程。借款人提供担保申请→经办银行审核→省农担公司审批→银行出具审批

意见→缴纳担保费用→银行放款。

（6）海尔融资租赁有限公司，简称"海尔产业金融"，成立于2013年12月，是海尔金控旗下专注于产业金融服务的主体。 海尔产业金融区别于传统金融以产品为主线，而是立足于以行业为主线的科技金融，深度链接产业各方，搭建"农牧业金融＋科技"平台，整合融资渠道、技术支持、延伸产业链、扩大市场份额等资源，帮助畜牧业、金融业等不同行业间的高效匹配。具体功能有：第一，联动多方资金，赋能农牧产业。一是债权布局。海尔产业金融通过政策性银行、商业银行、融资租赁、商业保理、供应链金融、云贷等渠道链接优质奶牛和肉牛等畜牧养殖基地。二是股权联动。海尔产业金融实现产业基金、扶贫基金、并购基金、股权投资、保险、龙头企业联动餐饮等下游企业，整合各方资源，提供给农牧产业从产前养殖、产中资金、保险保障到产后销售的全产业链服务。第二，链接各行业资源，实现资金、资源匹配。AI物联、风控模型形成的智能风控平台，实现政府、银行、保险、股金和股权与肉牛产业、乳业、肉羊产业等行业的资金匹配。社群构成的服务平台，实现销售渠道、设备、科研等资源与肉牛产业、肉羊产业和乳业等产业的资源匹配。第三，提供多种类的金融服务。一是债权。债权业务重点支持方向是培育规模化架子牛育肥基地，寻找稳定销售渠道，培育稳定犊牛供应基地和区域品牌企业，为饲草供应提供流动资金，租赁生物资产、牧草设备和屠宰加工设备，为肉品贸易融资，实现应收款保理，搭建饲草→繁育→屠宰加工→肉品销售的牛/羊肉价值链。二是基金。海尔产业金融设立资产运营型基金直接持有并联合龙头企业运营生物资产，在优势区域形成牛源控制力。在具有资源禀赋的重点优势区域，实行龙头企业＋政府引导基金＋多方产业基金＋扶贫/国开行资金，实现各方风险共担，利益共享。三是股权。海尔产业金融围绕肉牛、奶牛、肉羊核心环节及科技服务核心平台进行股权布局。给规模化肉牛育肥种养结合企业、屠宰加工企业、乳业企业及奶制品加工企业、肉羊核心育种企业提供股权投资机会。

目前，海尔产业金融进展顺利，取得了显著成效。一是资金投放。截至2018年，海尔产业金融在肉牛、奶牛、肉羊等畜牧业累计投放50亿元，服务肉牛数量累计40万头，间接链接牛只100万头，已服务品种有安格斯、西门塔尔、荷斯坦等肉牛品种以及为客户养殖的育肥牛、饲草料及设备购买等方面提供融资服务。二是搭建资金合作平台。海尔产业金融已有国家开发银行、平安银行、海尔云贷、海尔保理、海尔创投的资金合作平台。三是链接畜牧产业资源。海尔产业金融已有技术服务、科研机构、销售渠道、专家服务、国外资源等，具体见表7-2。

表 7-2　海尔产业金融链接畜牧产业资源具体情况

产业资源	技术服务	科研机构	渠道资源	专家学者	国外资源
具体方面	正大集团、赛科星、生物股份	中国烹饪协会、江南大学食品学院、中国农大动物科技学院、中国畜牧协会、中加肉牛协会	正大优鲜、京东、麦德龙、永辉超市、碧桂园、海底捞、海尔轻厨	孟庆翔老师，徐尚忠老师	美国杜邦、奥特奇、以色列SCR、德国GEA

（二）河北省推行金融服务政策的具体措施

1. 河北省政府的贷款补贴政策

（1）制定政策执行方案。 2015年10月，河北省农业厅、财政厅印发了《河北省2015年促进金融支持畜牧业发展工作实施方案》（冀农财发〔2015〕48号），2015年安排中央财政补助资金5 000万元用于开展财政促进金融支农创新试点工作。资金用途：一是用于对养殖场（户）、养殖企业和养殖合作社的金融贷款利息、保险费、评估费等融资成本进行补贴，补贴标准在融资成本的50%以内；二是设立农业信贷担保机构或涉农贷款风险补偿资金，用于对养殖场（户）贷款进行风险补偿。河北省优先与邮政储蓄银行合作，一般单个养殖场（户）和企业贷款额度最高500万元；单笔贷款期限24个月，不超过36个月；贷款应在省拨资金9个月内，协调金融机构根据补贴总额发放贷款额度。

（2）设立金融支持畜牧业发展项目。 2015年河北省财政厅设立金融支持畜牧业发展创新试点项目。项目主要扶持基础母牛存栏10头以上或架子牛年出栏20头以上的规模养殖场（户）和养殖企业。对符合条件的养殖场（户）和企业，在金融部门获得贷款发生的担保费、保险费、贷款利息等实行总融资成本50%以内的补贴，单个主体最高补贴不超过100万元。

2. 河北省金融机构的贷款与保险政策

（1）与政府部门、企业合作。 2018年邮储银行河北分行与河北省农业信贷担保公司、河北省农业厅、河北省畜牧局和君乐宝乳业等政府部门和国家级农业产业化龙头企业合作，创新应收账款质押等担保模式，加大对核心企业上下游养殖场（户）信贷支持力度，累计发放"公司＋农户"贷款近6亿元，支持全省肉牛、肉羊等畜牧业产业发展，为全省养殖场（户）放贷近1亿元。

（2）创新金融服务模式。 农行河北分行将产业扶贫和合作扶贫相结合形成合作社扶贫模式，使得贫困户将所获贷款注资到合作社中，每年获得分红收益，帮助贫困户脱贫。合作扶贫模式目前在河北省阜平、康保、饶阳等多个县较为成熟，集中在肉牛、奶牛等养殖产业和大棚蔬菜水果种植业。截至2018年6月底，10个深度贫困县支行贷款余额138.9亿元高于全行1.5个百分点。

(3) 组织金融知识宣讲活动。 石家庄市灵寿县农村信用联社，结合县域实际，推广扶贫小额信贷、"共富宝"信用共同体联合增信扶贫贷款。从 2015 年开始，县联社在河北率先开办了"农村金融夜校"，让农户了解金融知识。截至 2018 年 12 月，全县已开办金融夜校总期数 1 198 期，听课人数达 25.5 万人。同时，县联社主动宣传政策，发放信贷明白纸。截至 2018 年 6 月，县联社已对 11 个乡镇共计 11 415 户 33 848 人发放了小额信贷明白纸，增加农户对贷款的了解。2016 年以来，县联社通过对 34 家"扶贫龙头企业、合作社、贫困户"组成的信用共同体的联合增信，累计发放"共富宝"贷款 10.25 亿元，共带动 6 452 多人脱贫致富。

(4) 支持产业扶贫。 中国人民财产保险股份有限公司（以下简称人保财险），为响应国家扶贫政策，提高产业脱贫能力，降低产业经营风险，有以下三点举措：

一是创新金融模式。人保财险已形成"政融保""扶贫保""特惠保""惠农保""精准脱贫保""黔惠保""助农保""扶贫惠民保"等 26 个地方性扶贫组合产品。其中"政融保"模式已在包括河北省在内全国 17 个省级行政区推广，与政府合作额度近 200 亿元，涉及具体合作项目 48 项。

二是开发特色保险产品。人保财险积极探索开发了一系列地方特色农业保险产品，丰富了河北省特色农业保险险种。截至 2018 年，河北省分公司开办特色农业保险险种已达 93 个，其中包括奶牛、肉牛、肉羊、马、驴养殖保险，以及肉牛、肉羊成本价格保险等 24 种草牧业保险产品，为全省贫困地区农业生产提供全方位的保障。

三是设立营销服务网络。人保财险河北省分公司在全省设立乡镇三农营销服务部 547 个、乡村三农保险服务站 1 868 个、三农保险服务点 4.27 万个，服务网点覆盖全省所有贫困地区，为全省贫困人口提供优质保险服务，为实施精准扶贫提供支持。

（三）河北省肉牛养殖金融服务存在的问题

1. 提供农业类信贷服务的金融机构数量较少

通过查询国内 20 家知名银行已开展的贷款业务可知，目前已开设农业类贷款业务的银行仅有 6 家，包括中国农业银行、中国邮政储蓄银行、中国银行、农村信用社、张家口银行、承德银行。提供农业类信贷服务的金融机构数量较少的原因是：农业类产业种类多，各类产业因产业特点、经营模式差异较大，造成贷款所需手续、审批时间、贷款金额等贷款条件有所不同。肉牛产业因资金投入周期和获得收益的间隔时间较长，易产生逾期还贷的情况，导致金融机构的不良贷款率上升，进而使得金融机构的贷款积极性下降。

2. 相关金融产品种类单一

一是银行贷款方面。因农业类贷款成本高，收益低，贷款期限较长，目标群体参与度、信任度及黏性低、信用信息缺失等原因，使得银行创新农业贷款产品种类的积极性降低。

二是保险方面。河北省 2018 年推出的政策性保险试点工作实施方案中，养殖业只推出能繁母猪和奶牛保险。目前，河北省只有个别地方政府，如承德市隆化县和丰宁县提供的肉牛保险保障范围是自然灾害和疫病，保定市阜平县提供的肉牛保险保障范围是成本价格损失。在实践中农业保险赔款与农户期望值差距太大直接导致投保农户不满意，误解农业保险的作用和功能，影响农户续保的积极性。目前，我国每头牛的保额普遍在 6 000～8 000 元，成本保障水平不足 50%。而美国等农险发达国家，收入保险已成为农险产品的主流，但是我国目前由于数据、信息化、产业化等基础生态不健全，征信体系和财务管理制度不完善，缺乏有效的风险分散手段，难以通过再保、期货市场转移风险等原因，使得我国肉牛保险仍以死亡损失进行核定赔付。

3. 肉牛养殖主体对金融服务政策认识不到位

统计 200 份有效调查问卷，其中有 117 份问卷的肉牛养殖主体对金融服务政策不了解，由此得出超半数肉牛养殖主体对贷款审批流程、审批时间、申请贷款所需材料等金融政策认识不到位，贷款时只是根据金融机构的要求或咨询已获贷款的养殖户，准备相关贷款所需材料。此外，仍有部分散养户片面认为贷款到期后必须按时还本付息，风险较大，更倾向于向熟人借钱。肉牛养殖主体对金融政策认识不到位的原因主要有两方面：一是河北银监局在 2017 年虽已开展金融知识宣传服务月活动，但仍旧缺乏专门针对肉牛养殖户开展金融知识的讲解活动。同时，银行机构工作人员并未详细告知农户具体的审批程序和审批时间。二是部分肉牛散养户因传统观念和自身年龄偏大的原因，接受新事物的能力较低。

4. 肉牛养殖主体自主投保积极性不高

河北省承德隆化县和丰宁县、张家口阳原县积极与保险公司合作，开发了政策性农业保险，按照 8∶2 比例分担保费，即 80% 由政府补贴，农民自缴 20%。河北省保定市阜平县除了实行政策性农业保险以外，政府与人保财险公司合作创新性地推出了商业保险，按照 6∶4 比例分担保费，即财政补贴 60% 实行统保，农户自愿缴纳 40%。但是由于到户收取成本高，村干部、协保员收取积极性不高以及农户投保意愿低等原因，自缴保费在实践中收取的难度很大。据调查，承德隆化和丰宁县 80% 以上的肉牛散养户单纯依赖政府所缴纳的 80％保费，农户因对缴纳保费、投保农险的理念认识片面，农户本身对自己负担保费有抵触心理以及保险政策宣传不到位等因素，农户自缴保费的主动性不高。

二、河北省肉牛养殖金融服务模式与效果分析

（一）河北省肉牛养殖金融服务模式

河北省各地区根据实际情况创新性地探索出了多种肉牛养殖金融服务模式，主要包括"政银企户保"模式、香港小母牛扶贫项目和"政融保"模式。

1. "政银企户保"模式

河北省承德、张家口的贫困县创造了"政银企户保"模式，该模式是"政府＋金融机构＋农业企业＋农户＋保险公司"的农业合作贷款模式。其中，"政"是政府搭台增信，成立扶贫贷款担保中心，整合涉农资金，建立"资金池"；"银"是银行降槛降息，合作银行根据担保基金额度，按 1∶10 的比例放大贷款金额；"企"是农企（户）承贷，实行分类贴息政策；"户"是有贷款意愿、有生产经营能力、有与贷款要求相符条件的建档立卡贫困户；"保"是保险兜底保证。下面从该模式特点、优缺点、适用条件、具体操作流程和典型案例五个方面进行分析。

（1）"政银企户保"模式的特点。一是政府引导。政府牵头成立扶贫贷款担保中心，设立贷款担保基金和风险补偿金，选择合作银行，银行按 1∶10 的比例放大贷款金额，建立贷款绿色通道。二是保险机构风险兜底。保险公司加入后，与政府、银行共同承担风险。一旦贷款户因意外原因逾期不还，担保中心、银行和保险公司，按照 1∶2∶7 的比例共同代偿贷款本息，降低银行信贷风险。

（2）"政银企户保"模式的优点。一是降低了金融机构的贷款风险。贷前：乡镇干部联合合作金融机构信贷人员成立"5＋1"工作组，对有贷款意愿的企业和农户的信用状况进行综合评估，贷款人填写贷款申请表。县担保服务中心对申请表进行汇总，提交县联审监管组评审。金融机构以全国个人信用信息数据库为平台，对个人贷款信用进行评定。贷中：从申请贷款到放贷、还贷，全程公开，特别是加大贷款条件、贷款责任、注意事项等内容的宣传力度，让贫困户有章可循。贷后：①推行贷款监督机制。坚持政府、银行等多方协调联动，跟踪资金使用情况。②信用机制。提高金融政策宣传力度，增强农户还款意识。③追偿机制。逾期未还贷款，银行实行电话催收、上门催收、诉讼催收等方式向借款人追偿，必要时启动"缓冲金"机制，由县担保中心资金池先行代偿，确保信贷资金安全。二是提高了产业扶贫能力。该模式通过运用财政资

金建立"资金池"，银行根据"资金池"额度，按照 1：10 比例放大贷款额度，贷款利率在基准利率上上浮不超过 40%，使得合作社、龙头企业等主体贷款数额增加，产业规模扩大，并通过分红、产业带动等形式，带领贫困户稳定脱贫。

（3）"政银企户保"模式的缺点。一是保险公司经营风险较高。按照以往经验，保证保险在非车险条线的费率要达到 2.2% 才能实现盈亏平衡。但此模式中，太平洋保险公司将保证保险的费率调整降至 1.2%，即便将保费收入的 120% 设定为赔付封顶线，保险公司的经营风险仍旧较高。二是参与主体不全面。该模式中养殖户是有还款能力、生产经营能力且与贷款要求相符的建档立卡贫困户。而一般养殖户并未涵盖，使得这类主体仍旧会因贷款条件不符，出现银行少贷或不贷的情况。

（4）"政银企户保"模式的适用条件。一是贷款对象。贫困户、家庭农场、农民合作社、扶贫龙头企业和股份合作制经济组织。二是贷款条件。要求贷款对象的贷款用途符合贫困地区发展规划和脱贫攻坚规划、资信度好、有按期还本付息的能力、在当地合作银行开立结算账户、没有未解决的法律纠纷和不良信用记录。其中农民合作社、扶贫龙头企业、股份合作制经济组织还应依法注册登记，有有效执照和生产经营许可证，依法纳税，有扶贫龙头企业资质或带动一定数量的贫困户，管理制度健全，会计核算规范，资产负债比例合理。三是贷款贴息。建档立卡扶贫小额贷款或 5 万元以下产业发展贷款由财政扶贫资金分年度按基准利率 100% 进行贴息。各县筹资对贫困户产业发展贷款 5 万元以上部分进行贴息，农民专业合作社、扶贫龙头企业等规模主体要按照带动贫困户数量，带动越多，贴息越多。四是贷款产品，具体见表 7-3。

表 7-3　"政银企户保"贷款产品适用条件表

产品种类	适用条件	额度	贷款利息、保证保险费	期限
扶贫小额贷款	只适用于建档立卡贫困户	5 万元以下	免担保、保证保险费	3 年以内
	可用于建档立卡贫困户	一般 5 万元以下	免担保、保证保险费超 5 万元，参照执行	不超过 3 年
产业发展贷款	主要用于家庭农场、农民合作社、扶贫龙头企业和股份合作制经济组织	家庭农场不超 100 万元　农民合作社不超 500 万元；县、市和省级及以上扶贫龙头企业分别不超 500 万元、1 000 万元和 5 000 万元	按县（区）政府与银行、保险公司签订的协议执行，其中保证保险费率和担保服务费率原则上分别不超 1.2% 和 1.0%。	按规定合理确定发展期限

（5）"政银企户保"模式的具体操作流程。首先，政府整合涉农资金成立

扶贫贷款担保中心，设立贷款担保基金和风险补偿金；其次，政府通过竞争择优方式选择合作银行并将扶贫资金存入合作银行，以增加合作银行的经营收入，提高银行放大贷款金额的积极性；再次，政府联合地方工作人员认真调查贫困户和龙头企业的信用情况，精准甄别参与对象并挑选出符合贷款条件的贫困户和参与扶贫的企业和合作社；最后，政府与保险公司合作，发挥保险兜底作用。一旦贷款户因意外原因逾期不还，担保中心、银行和保险公司，按照一定的比例共同代偿贷款本息，降低银行信贷风险。

（6）"政银企户保"模式的典型案例。张家口、承德的贫困县采用此模式的较多，也比较成功。承德市隆化县"政府、银行、农业企业、农户、保险"五位一体农业合作贷款模式的具体操作如下：隆化县政府设立不少于 1 亿元的贷款担保基金、不少于 3 000 万元的风险补偿基金，建立"资金池"，作为农业企业（合作社）和贫困户贷款担保金、风险补偿金以及还款缓冲金，并通过竞争择优选择合作银行，银行根据"资金池"内资金额度，按照 1∶10 比例放大贷款金额，贷款利率在基准利率基础上上浮不超过 40%。农业企业按照与贫困户签订的利益联结协议，对贫困户进行分红，农业企业帮扶贫困人口数达 60% 以上，可享 100% 贴息，银行对贫困户 3 年以内、5 万元以下的扶贫小额贷款实行免担保、免抵押。政府再引入太平洋财产保险公司参与，一旦贷款户因意外原因逾期不还，太平洋财产保险公司代偿 80% 的贷款本息，政府承担 10%，银行最多承担 10%，降低各方风险。同时，太平洋财产保险公司为降低经营风险，积极争取当地政策性农业保险项目经营权，以政策性农业保险业务的承保利润有效对冲保证保险业务的高风险，形成良性扶贫长效机制。

承德市隆化县"政银企户保"模式于 2015 年提出。2016 年太平洋产险承德隆化分公司已为 500 多单贷款提供保险保障。2016 年该模式已形成了一个以隆化县农业政策性金融担保中心为中心，县信用联社、农业银行、邮储银行三家银行，23 家企业及合作社和 3.2 万贫困户和太平洋产险承德隆化支公司共同参与的局面。截至 2018 年 6 月，"政银企户保"模式推动金融机构累计贷款 8.2 亿元，助推 2.62 万贫困户脱贫。截至 2018 年 5 月，太平洋产险在隆化试点地区共为 5 302 个涉农企业及农户提供贷款保障达 6 亿多元。

2. 香港小母牛扶贫项目

香港小母牛公益机构是一家慈善组织机构，秉承助力贫困乡村建设，实现乡村综合可持续发展的工作理念，于 2001 年成立了香港小母牛扶贫项目，以下简称小母牛项目。小母牛项目给贫困农户提供产业发展资金、技术培训等方面的支持，协助小农户发展养殖业和种植业。截至 2019 年 12 月，小母牛项目实施扶贫项目 95 个，帮扶 3 316 户贫困户，培训农户 88.62 万余人次。下面从项目的特点、支撑方式、优缺点、适用条件、具体操作流程和典型案例六个方面对该项目进行了解：

（1）小母牛项目的特点。一是"礼品传递"形式。首批得到小母牛或其他牲畜、资金和技术的农户要承诺将其传递给尚未获得帮助的农户，自己也由受助者变为捐赠者，共同脱贫。二是"产业"与"文化"双重帮扶。一方面，机构、政府和企业多方合作，借助政策支持，推广先进农业生产技术，发展生产，促进乡村经济发展；另一方面，机构积极开展社区活动，建立互助组加强社区凝聚力，培育合作社带领小农户共同发展，并通过"传递礼品"延续项目成效和增强社区纽带，传递的不仅是知识、技能和帮扶资金，亦是一种互助精神，带动社区精神文明建设。三是以社区合作社为帮扶单位。机构实施社区和互助组结合的项目管理模式，即将一个项目村设定为一个项目实施社区，社区内成员设置多个互助组。项目利用本地资源条件，撬动政府资源投入和政策支持，指导农户建立互助合作社，项目直接对接合作社负责人，进行技术技能培训、产品加工和销售等工作，带领小农户共同发展。

（2）小母牛项目的支撑方式。一是资金筹集。机构一直致力于扩大在香港的筹资规模，支持在内地的乡村扶贫发展工作。2019 年，机构通过慈善晚会、竞跑助人、街头募捐等方式，共在大陆投入善款 2 300 万元，支持了 26 个乡村扶贫发展项目。二是政府支持。小母牛项目理念和模式顺应中国政府扶贫攻坚政策和乡村振兴战略。在国家层面，该项目得到国务院扶贫办大力支持和指导；在地方层面，机构与省级、市级以及县乡级政府扶贫和农牧机构进行合作，推动乡村扶贫工作顺利进行。三是专家支持。机构与乡村发展领域的专家展开积极合作，专家通过提供政策指导、教育培训、技术支持和咨询服务，保障了扶贫项目脱贫成效。如 2019 年中国农业大学朱启臻教授在河北隆化农民合作社指导工作。

（3）小母牛项目的优点。一是有利于解决农户贷不到款的难题。对于农户来说，因缺乏抵押物贷不到款，无法解决资金不足的困境。该机构是一个公益慈善机构，通过提供资金支持、技术培训及技术服务，以产业带动农户实现脱贫致富。二是有利于改善生态环境。机构坚持以实现乡村综合可持续发展作为理念，组织带领小农户合理利用和开发乡村资源，发展种植和畜牧产业，保护生态，传授生态养殖技术，粪污由随意堆放变为被集中发酵制作成有机肥来改良土壤肥力，有效解决农牧矛盾，建立生态宜居的新农村。

（4）小母牛项目的缺点。一是项目资金来源较单一。2001 年，小母牛项目成立，主要捐赠者是伏明霞和梁锦松夫妇，近年来，项目吸引了汇丰银行、工商银行、中诚信集团等大型企业集团捐赠，捐款全部用来支持大陆小母牛扶贫项目。但是捐赠资金来自中国香港的资金比例超过 65%，国内筹资所占比例较低。因此，小母牛项目仍需加大品牌宣传力度，拓宽筹资渠道，实现项目资金来源的多元化。二是项目落实工作繁杂。小母牛项目涉及传递，一般一个项目点的成熟周期为 5 年。在这期间，共分三个阶段：①项目准备期。项目要以适合产业发展的贫困地区且当地农户有意愿成立互助组为依据选择帮扶社区，之后机构指导社区开展项目规划，包括制定管理制度、选举管理者、制定项目申请计划书等。②项目实施期。机构安排资金投入，进行技术培训和技术服务。③项目后期。项目机构负责人、当地项目负责人和项目执行人员共同开展"礼品传递"工作，以保障项目的持续开展。

（5）**小母牛项目的适用条件。**该项目主要针对乡村贫困地区或偏远农村，且有种植或养殖产业发展的资源、气候等条件的农村，通过资金、技术等帮扶，实现农户脱贫致富。

（6）**小母牛项目的具体操作流程。**第一，选择帮扶对象。小母牛项目需要依据该地是贫困地区和适合种植或养殖产业发展的资源、气候等条件选择项目推行地区。第二，确定产业发展方向。小母牛项目负责人与当地政府合作，依据当地贫困户需求、市场分析和地区特点，确定产业的发展方向。第三，落实项目执行工作。项目执行工作包括：机构以当地农户有意愿成立互助组为依据选择项目社区，指导社区开展项目规划并成立合作社，制定项目申请计划书和项目管理制度，成立项目执行小组并选出管理者，并与项目执行小组人员共同选出首批扶贫对象。第四，开展项目实施工作。机构对已入选的首批扶贫对象，发放项目援助资金，并使其享有项目给予的种养殖技术培训和技术服务，以保障项目的顺利开展。第五，寻找产品销售渠道。合作社负责人寻找产品的销售渠道，使得农户养殖的牛犊或育肥牛出售，增加首批扶贫对象的收入，助推实现产业脱贫。第六，进行"礼品传递"工作。首批扶贫对象扶贫期到期后，由项目负责人、项目当地负责人和执行人员共同挑选出下一批需要帮扶的人员，将"礼品款"传递下去，以进行下一轮小母牛项目的帮扶工作。

（7）**小母牛项目的典型案例。**2017 年 4 月，由香港小母牛公益机构驻北京代表处组织实施，保定涞源县畜牧局发展服务中心与香港小母牛公益机构合作，在涞源县留家庄乡留家庄村实施为期 5 年的"香港小母牛留家庄社区综合发展项目"。留家庄村小母牛项目于 2017 年 4 月开始，项目分前后两期完成，每期两年半，于 2021 年 6 月结束。项目提供扶持资金 130 万元，先后 400 户得到帮助，每户获得帮扶资金 6 500 元。首批扶持的肉牛养殖户在 2019 年 4 月将"礼品款"再传递给下一批需要帮助的农户，启动资金先交还给北京代表处，再由项目委员会、项目执行团队、社区协调员、村干部入户筛选出下一期需要帮扶的农户。为保障项目的顺利进行，留家庄村设有社区协调员、互助组长，来推动项目实施、资金管理和使用、目标实现和困难解决等工作。2019 年 1 月留家庄村成立了"涞源县启辰畜禽农民专业合作社"，合作社提供统一购买养殖饲料、组织养殖技术培训、寻找育肥牛或架子牛销售渠道等肉牛生产服务。同时留家庄村成立项目执行团队，由县畜牧局设立的项目执行人带领，合作社人员参与，负责项目的总体设计和规划、项目实施方案、技术培训、社区组织动员、礼品传递和项目监测评估等工作，保障了小母牛项目在该村的顺利实施。

经过三年多的实践，留家庄村的小母牛项目实施效果良好。一是肉牛存栏量明显增加。留家庄村基础母牛存栏由 40 多头增加至 240 多头。户母牛存栏量范围在 2～20 头不等，全村年出栏肉牛 165 头左右，该村实现了种养相结合的产业发展结构。二是养殖技术水平提高。该村过去养牛数量较少，养殖技术水平不高，在县畜牧局、保定市农业农村局和河北农业大学老师的共同指导和培训下，肉牛养殖技术得到了普及，并且村里已培养了自己的良种繁育技术员，推动解决村里母牛配种问题。三是农户收入增加。通过咨询项目的合作社负责人得知，单头母牛饲养成本约为 4 100 元/年，一般母牛养殖第二年年初繁育一头公牛或母牛，按照公牛 10 000 元左右、母牛 8 000 元的市场售价进行计算，养殖户第二年的养殖收益在 3 000～6 000 元/头，养殖收入大幅增加。四是生态环境明显改善。养殖中产生的牛粪在该村所承保的果园里集中堆肥晾晒并在牛粪里养殖蚯蚓，之后再进行还田。这种粪污处理方式，不仅大大降低了粪污对环境的污染，而且由于干蚯蚓具有极高的药用价值，出售蚯蚓可获得收入，蚯蚓的粪便还可用作有机肥料，提高了土壤肥力，从而形成了牛粪—养蚯蚓—牛粪转为蚯蚓粪—用作有机肥还田的一个良性生态种养殖循环产业链。同时，农户自我发展意识得以改变，实行互助合作和参加社区活动的意识增强，该村的精神文明建设得以发展。

3. "政融保"模式

"政融保"模式指的是"政府提供政策支持和增信＋保险资金提供融资＋保险产品提供风险保障"，为农户和农企提供农业保险和信贷资金支持，助力精准扶贫。其中，"政"是政府提供贷款贴息，出资设立担保公司和与保险公司合作开发保险产品，"融"是人保财险公司开发融资产品，"保"是人保财险公司提供畜牧业保险产品。下面从模式特点、优缺点、适用条件、具体操作流程和典型案例五个方面对该模式进行说明。

（1）"政融保"模式的特点。 一是"保险先行"的扶贫链条。政府和保险公司按照一定比例收取保费，联办共保农业保险，为肉牛、肉羊等扶贫产业提供风险保障。政府出资成立担保公司，为农户提供信贷担保，担保公司为农户提供信贷担保主要是因为农业保险为农户承担了自然、市场等主要风险。银行凭担保信和农业保险保单给农户发放贷款。保险公司还可为参加农业保险的农户和农企提供保险资金融资。在金融扶贫产业中，农业保险发挥了融资和信贷抵押品的作用，形成了"保险先行"的"政府＋保险＋银行＋农户（农企）"的扶贫链条。二是涉农保险种类多样。除了中央和省政府提供的玉米、马铃薯、奶牛、能繁母猪等政策性农业保险险种之外，人保公司开发了适合贫困山区生产发展的大枣、核桃、肉牛、肉羊成本价格损失保险和养鸡保险、种羊养殖保险 6 种县级财政补贴险种，2016 年 3 月，人保公司又开发了食用菌、肉驴、毛皮动物、中药材等 28 款扶贫保险产品，丰富了农险产品种类，建立了比较完善的农业保险扶贫产品体系。

（2）"政融保"模式的优点。一是拓宽了融资渠道。政府与多家金融机构合作，银行从贷款利率、贷款审批、贷款额度等方面提供贷款优惠条件。同时，保险公司开发了保险融资产品，为申请且符合条件的农户进行融资，及时有效解决产业发展的资金难题。二是降低了政府、银行、保险公司和农户四方风险。政府出资建立担保公司，为贷款农户提供担保，降低了贷款银行的借贷风险；政府和保险公司合作办理保险产品，共担风险，降低了保险公司和农户的风险。同时，政府出资成立农业保险风险保障基金，建立保障基金补充机制，对于当年农业保险理赔金额小于保费收入，结余留在保险基金里，扩大保险基金规模，降低了政府的风险。

（3）"政融保"模式的缺点。一是项目缺乏宣传推广。该金融扶贫项目涉及主体较多，保险产品种类多样且赔付标准不同，贷款产品和融资产品的申请程序、利率、期限等也不同。对于贫困户来说，因不了解金融扶持项目内容，参与的积极性不高，削弱了金融扶贫的预期效果。二是融资产品种类较少。在政府和保险公司的担保下，无论是大规模种养殖主体还是小规模种养殖主体，都能获得融资，解决贷不到款的难题。但是，已有的贷款产品种类，与不同规模、不同性质和经营特点的种养殖主体的贷款需求仍不完全匹配。

（4）"政融保"模式的适用条件。"政融保"模式的服务对象是从事规模种养殖活动的普通贫困农户和带动脱贫的种养大户、合作社和农业生产企业。

（5）"政融保"模式的具体操作流程。首先，政府担保增信。政府要出资成立担保公司，提供资金、政策支持与财政补贴，发挥信用优势，提高金融机构参与融资的积极性。其次，政府制定项目合作机制。政府与人保公司协商，对指定的担保公司审核申请贷款农户的基本情况并发放贷款，为农户提供融资支持，同时，担保公司建立贷后监督管理、风险评估机制，降低贷款风险。再次，政府与人保公司合作，探索适合当地的"联办共保"农业保险经营模式，双方协商按一定比例共同承担保费收入和保险赔款，共担风险。最后，政府通过提供财政补贴的方式鼓励人保公司创新多种农险产品，满足农户多样化的投保需求，降低农户的种植养殖风险，同时，人保公司创新保险融资产品，为已投保的农户提供专项保险资金融资，发挥保险融资和保险兜底的双重作用。

（6）"政融保"模式的典型案例。中国人民保险公司深入贯彻落实中央扶贫开发工作会议和习近平总书记"阜平调研讲话"重要精神，发挥保险机制优势开展精准扶贫、精准脱贫的重要创新，在金融保险扶贫理念和扶贫方式上取得重要突破，开创了"政融保"模式。"政融保"模式在保定市阜平县取得了良好的成效。该模式的成功经验是：

一是政府担保增信。阜平县政府成立注册资金 1.5 亿元的惠农融资担保公司，同时建成了覆盖县、乡、村三级金融服务网络，为农户贷款提供担保和增信服务。二是保险公司提供风险保障。保险公司开发玉米、奶牛、能繁母猪和育肥猪等 8 项政策性农险产品和肉牛、肉羊、肉鸡、种羊等 14 项商业性农险产品。同时，实行险种全覆盖，每个保险产品实行"灾害险""产品质量责任险""成本损失险"三种险种全覆盖。保险公司与政府合作推出"联办共保"，政策性保险产品实行 8∶2，即财政补贴 80%，农户自缴 20%；商业性保险产品实行 6∶4，即财政补贴 60% 实行统保，农户自愿缴纳 40%。针对商业性保险产品，保险公司推出了"基本＋补充"的保险产品运行机制，即政府补贴 60% 的保费为农户提供基本风险保障，赔付时获得 60% 的保额赔偿，若农户再缴 40%，可获得 100% 的赔偿，满足有不同保险需求的农户。保费收入和理赔按 5∶5 分担，实际赔付比例 95%。三是政府与金融机构合作，拓宽了融资渠道。金融机构放大贷款额度，政府与农行、邮储银行、农联社和保定银行合作，贷款审查由银行和县、乡、村三级金融服务机构联合进行，合作银行按照 1∶5 比例发放贷款。农总行把阜平作为金融扶贫试点，利率降为基准利率 4.35%，贷款比例放大为 1∶8。人保公司推出了"人保支农融资"产品。该产品有以下特点：审批快，农户申请，经政府增信机构和保险公司审查后，即可放款；额度大，保险公司可根据农户需求提供 10 万～1 000 万元的贷款支持；期限灵活，可提供 6 个月至 3 年的融资期限；成本低，人保公司将融资资金直接发放给农户，降低了融资成本。四是贷款损失全额代偿。惠农融资担保公司对贷款损失全额代偿，县财政对 5 万元以下的贷款实施三年减半贴息，对带动农户的龙头企业给予贷款额 3% 贴息。2017 年，阜平县保费补贴资金 2 382 万元，获得风险保障 16 亿元，相当于将 1 元扶贫资金效能放大了 6 倍。截止到 2018 年 6 月，保险公司为阜平县 2 004 农户（企）累计提供 2.19 亿元融资支持。这种金融扶贫推行机制，解决了产业贷款不足，风险高的难题。

（二）河北省肉牛养殖金融服务模式效果分析

实地调研了隆化县"政银企户保"模式和涞源县小母牛项目的运行情况，获得了评价这两种模式运行效果所需的数据。由于未取得阜平县"政融保"模式的相关数据，因此本文只对隆化县"政银企户保"模式和涞源县小母牛项目进行评价。

隆化县"政银企户保"模式效果分析

（1）数据来源与样本选取。数据来源于隆化县畜牧局、扶贫办、实地访谈所得的第一手数据和文献查阅以及新闻报道获得的第二手数据。由于隆化县"政银企户保"模式于2015年在隆化县开展试点工作，所以模型选取样本时间从2016—2018年。

（2）模式运行效果指标构建。通过对模式的理解并参考相关文献，选取肉牛饲养量评价肉牛养殖主体的养殖效果，选取政府担保得出政府对肉牛养殖主体的扶持力度，选取金融机构贷款量判断银行信贷的影响程度，选取保险保证金判断保证保险的保障程度。这四个变量能够说明在该模式中各参与主体的作用及其影响程度。评价指标体系具体见表7-4。

表7-4　模式运行效果评价指标及其解释说明

变量	解释
肉牛饲养量	肉牛存栏量和出栏量的总和数
政府担保	政府提供的担保基金、风险补偿金等扶持资金
金融机构贷款量	借助该金融扶持模式所提供的贷款量
保险金	向保险机构缴纳的保险金

注：表中变量数据，以隆化县总的县域统计数据为标准，不区分散养户和规模养殖场。

（三）模式运行效果评价方法

第一，确定系统的参考数列和比较数列。

设参考数列为：$Y = \{Y(k) \mid k = 1, 2, \cdots, n\}$

比较数列为：$X_i = \{X_i = (k) \mid k = 1, 2, \cdots, n\}$

第二，对参考数列和比较序列分别进行无量纲化处理，公式为：

$$X_i(k) = \frac{X_i(k)}{X_i(l)}, k = 1, 2, \cdots, n; i = 1, 2, \cdots, n$$

第三，逐个计算每个被评价对象指标序列（比较序列）与参考序列对应元素的绝对差值，即 $|X_0(k) - X_i(k)|$，$k = 1, 2, \cdots, n$；$m_i = 1, 2, \cdots, n$，再确定最小值和最大值，分别为

$$\min_{i=1}^{n} \min_{k=1}^{m} |x_0(k) - x_i(k)| \text{ 和 } \max_{i=1}^{n} \max_{k=1}^{m} |x_0(k) - x_i(k)|$$

第四，计算关联系数。计算每个比较序列和参照序列对应元素的关联系数，公式如下：

$$\xi_i(k) = \frac{\min_i \min_k |x_0(k) - x_i(k)| + \rho \max_i \max_k |x_0(k) - x_i(k)|}{|x_0(k) - x_i(k)| + \rho \max_i \max_k |x_0(k) - x_i(k)|}\text{，其中 } k =$$

$1, 2, \cdots, m$

式中 ρ 为分辨系数，在（0，1）内取值，若 ρ 越小，关联系数间差异越大，区分能力越强，通常 ρ 取 0.5。

第五，计算关联度。计算各评价对象各指标与参考序列对应元素的关联序列的均值，以反映各评价对象与参考序列的关联关系，并称其为关联度，公式为：$r_i = \dfrac{1}{m} \sum\limits_{k=1}^{m} \xi_i(k)$

第六，最后对所求关联度的大小进行排序，得出各评价指标与评价对象之间关联度影响的大小。

（四）模式运行效果评价及实证分析

第一，将所有解释变量作为一个灰色系统，各变量为该系统中的一个因素，并将此变量构成一个参照序列，分析数列的原始数据具体见表 7-5。

表 7-5　隆化县 2016—2018 年各变量的数据

单位：万头，万人，万元

年份	肉牛饲养量	政府担保金	金融贷款量	保险保证金
2016	47.2	10 000	56 000	350
2017	47.7	13 260	26 000	1 960
2018	48.0	13 000	10 000	3 680

资料来源：隆化县畜牧局、扶贫办，实地访谈、相关新闻报道。

第二，为了能得出政府担保金、贷款和保险金对隆化县肉牛饲养量的关联程度，需要对数列进行无量纲化处理，这里采用均值法，各序列的均值分别为：47.633 3，12 086.666 7，30 666.666 7，1 996.666 7。然后让每列数据除以其均值，得出无量纲化数据，具体见表 7-6 所示。

表 7-6　数据无量纲化表

单位：万头，万人，万元

年份	肉牛饲养量	政府担保金	金融贷款量	保险保证金
2016	0.990 9	0.827 4	1.826 1	0.175 1
2017	1.001 4	1.097 1	0.847 8	0.981 6
2018	1.007 7	1.075 6	0.326 1	1.843 1

第三，确定参考数列。因为本次评价是就该金融模式对肉牛产业的影响程度。因此，以肉牛饲养量作为参考数列，即 $X_0 = \{0.990\ 9, 1.001\ 4, 1.007\ 7\}$，来反映模式中不同参与主体对产业发展的影响程度。

第四，计算参考数列和比较数列的绝对差值，即$|X_0 - X_i|$，得出绝对差值数列为：

$$\Delta = \begin{bmatrix} 0.163\ 5 & 0.095\ 7 & 0.067\ 9 \\ 0.835\ 2 & 0.153\ 6 & 0.681\ 6 \\ 0.815\ 8 & 0.019\ 8 & 0.835\ 4 \end{bmatrix}$$

由上述数列可知，最小值为 0.019 8，最大值为 0.835 4。

第五，计算关联系数。根据关联系数公式，计算得出关联系数，具体见表 7-7。

表 7-7　关联系数数据表

影响主体	ξ_1	ξ_2	ξ_3
政府担保金	0.752 8	0.852 2	0.900 9
金融贷款量	0.349 2	0.765 8	0.398 0
保险保证金	0.354 7	1	0.349 1

第六，计算每个指标的关联度，具体见表 7-8。

表 7-8　隆化县肉牛饲养量水平及相关影响主体间的关联度

影响主体	政府担保金	金融贷款量	保险保证金
关联度 r_i	0.835 3	0.504 3	0.567 9

由表 7-8 的结果可知，相关影响主体对隆化县肉牛饲养水平影响的关联度大小顺序为：政府担保金＞保险保证金＞金融贷款量。

第七，评价结果分析。

（1）该模式中政府担保金与隆化县肉牛饲养量水平的关联度最大，关联度为 0.835 3，说明政府出台肉牛养殖补贴政策起到了良好的引领作用。具体体现在以下三个方面：一是注资增信。隆化县政府整合财政涉农资金和扶贫专项资金，设立扶贫财政"资金池"，形成了农户的贷款担保金和风险补偿金以及农户还款的"缓冲金"，用资金账户激励金融机构，用保证保险调动保险机构，打通了一条从金融机构到农户贷款的"绿色通道"，解决了贫困户贷款无担保、金融机构不愿贷的难题。二是贷款贴息。隆化县政府对借款户实行贷款贴息，其中对贫困户贴息 100％，非贫困户贴息 50％，农业企业、农民专业合作社、农民合作经济组织中贫困户占 60％及以上的贴息 100％，贫困户占 30％～60％的贴息 50％，提高了贫困户和带贫龙头企业的贷款积极性。三是完善运行机制。隆化县政府通过严格考核筛选，选择合作金融机构、保险机构，达成隆化县政府注资 1 亿元，成立担保中心，银行按照 1∶10 比例放大贷款金额的协议，为农户缴纳政策性保险，引入保险公司参与，若贷款户因意外原因逾期未还贷款，保险公司代偿 80% 的贷款本息，隆化县政府与金融机构合作严把贷前、贷中、贷后三个关口，完善监督、信用和追责机制，保障扶贫资金精准到位。

（2）模式中保险保证金与隆化县肉牛饲养量水平的关联度为 0.567 9，说明保险保证金为肉牛养殖主体贷款起到了保障作用。政府为养殖户缴纳政策性保险，引入保险公司参与。当农户逾期无法还贷，保险公司代偿 80% 的本息，政府承担 10%，银行最多承担 10%，降低了养殖户的经营风险和金融机构的贷款风险，保障了多方主体的利益。

（3）金融机构的贷款量对肉牛养殖主体的影响次于政府担保金和保险保证金。说明肉牛养殖户到金融机构贷款是在政府扶贫贷款政策推动下才得以进行的。如果没有政府贷款支持政策，可能肉牛养殖主体并不能贷到款。原因可能是：隆化县散养户较多，养殖规模小，养殖主体趋于老龄化。这部分养殖主体认为贷款风险较高，贷款需求不强，且由于他们缺乏贷款抵押品，金融机构放贷意愿也不强。只有在政府搭建了贷款担保平台，降低了金融机构的贷款风险，肉牛养殖户才能获得银行贷款。

综上所述，这一金融扶贫模式参与主体带动作用和影响程度虽有差异，但是，政府搭台，各方主体联动共担风险解决了养殖户的贷款难题，提高了养殖户的养殖积极性。该模式对推动肉牛产业成为脱贫致富产业起到了良好的作用。

涞源县小母牛项目效果分析

2017 年，该项目由涞源县水石塘村传递给留家庄村，项目为期 5 年，截至目前，该项目已在留家庄乡留家庄村运行了三年多，项目的运行机制基本成熟。

从成本收益两方面对该项目运行效果进行分析。

（1）成本方面。一是单头母牛成本。因项目本身属于公益性项目，被选择的养殖户可以获得购置一头母牛的扶持资金，则农户购买母牛的成本为零。二是饲料成本。农户种植的玉米及秸秆搭配购买的袋装饲料基本上可以满足一头牛一年的饲料消耗。通过电话访谈合作社项目负责人得知，一头牛饲料成本大约是 4 000 元/年。三是人工成本。按照当地农户的饲养习惯，肉牛养殖属于圈养半年和放养半年的半放养养殖方式，大多数农户都是自己放养，也有雇人放养，放养时间是 6 个月，人工成本为每头牛每月 120 元，放养 6 个月总成本为 720 元。四是疾病治疗和疫病护理等日常开支。目前留家庄村的肉牛进行免费疫病护理，防疫成本是零。五是母牛繁育成本。当地肉牛繁育基本上都是专业技术人员采用冻精进行人工繁育，冻精大都是 100

元/支。综上所述，如果不含农户自身的人工养殖成本，若雇人放养，一头牛一年养殖成本为 4 820 元；若自己放养为 4 100 元。如果把农户自身的养殖成本计算在内，按照涞源县 2019 年 11 月起最低工资标准 1 580 元/月这一标准计算，按照雇人放养半年和农户自己养殖一年计算，人工养殖成本分别为 9 480 元和 18 960 元，农户一头牛一年养殖成本为 14 300 元和 23 060 元。该项目评价尊重当地养殖户的养殖习惯，不把养殖户自身的人工养殖成本计算在内且以养殖最低成本计算。因此，下文项目评价按照一头牛一年 4 100 元的养殖成本计算。

（2）收益方面。养殖小母牛，一般第二年就可见收益。户养的小母牛第二年年初生育一胎小牛，小牛无需特殊喂养，只需圈养或放牧半个月就可出售，市场价格为每头 8 000～10 000 元。若繁育小牛是母牛，多数农户会选择留下继续喂养，小部分家庭会出售，市场价格在每头 8 000 元左右；若繁育的是小公牛，有的卖掉，有的自己育肥到 400～500 千克出售，售价每头 10 000 元左右，高出母牛价格 2 000 元左右，进入第三年母牛繁育第二胎，养殖户就有第二笔收入。

（3）成本收益率。通过计算项目每一年成本和收益的比值，评价项目运行效果。

公式为：$I = \dfrac{B_i}{C_i}$

式中 I 表示效率；B_i 表示第 i 年项目实施所带来的收益；C_i 表示第 i 年项目实施所带来的成本，n 表示项目实施年限。

只有 I 大于 1 时，政策实施才有意义。I 值越大，政策效率越高。

假设母牛生育能力不变，小牛养殖半年就可出售养殖成本为 2 050 元，母牛养殖一年的养殖成本为 4 100 元，母牛大致一年繁育一胎，若生母牛则出售或继续养殖，生公牛则育肥再出售，出售母牛和公牛市场价格不变，母牛 8 000 元/头，公牛 10 000 元/头。且以母牛繁育的小公牛全部出售，所繁育的小母牛全部出售或全部养殖来进行计算，则：

第一年，$I = \dfrac{B_i}{C_i}$，成本为 4 100 元，收益为 0，成本收益率为 0。

第二年，$I = \dfrac{B_i}{C_i}$，母牛繁育小母牛或是小公牛，养殖 6 个月就能出售，繁育总成本是 6 150 元，若繁育母牛出售收益是 8 000 元，成本收益率为 1.30；不出售收益 0，成本收益率 0；繁育公牛收益是 10 000 元，成本收益率为 1.63。

第三年，$I = \dfrac{B_i}{C_i}$，若繁育母牛全部养殖，养殖总成本是 12 300 元，成本收益率为 0；若两头母牛繁育的都是母牛，出售收益为 16 000 元，成本收益率为 1.30；若繁育的都是公牛，收益是 20 000 元，成本收益率为 1.63。

第四年和第五年，以此类推，母牛繁育均是母牛，全部养殖成本收益率 $I=0$，而全部出售，成本收益率 $I=1.30$；母牛繁育的均是公牛，成本收益率 $I=1.63$。

除繁育母牛全部养殖成本收益率为 0 外，其余情况的成本收益率均大于 1，说明该项目运行效果良好。

（4）小母牛项目运行效果评价结论。小母牛项目产业扶贫方式有利于提高贫困户收入，避免了购买架子牛育肥这部分养殖成本，有利于实现扶贫的持续性。但这一扶贫项目的实施也需要达到以下要求：一是农户要诚信履行合约。农户能在获得母牛捐赠时，按照要求进行养殖，而不是将扶贫牛直接出售，且在项目到期时，农户能将捐赠的实物或者扶贫资金传递给下一批需要帮扶的贫困户。二是项目需要有稳定的市场销售渠道。贫困户养殖母牛所繁育的小牛，需要有肉牛销售市场，将母牛繁育的小牛销售出去，才能获得收入，实现产业扶贫脱贫的目的。三是项目需要制定科学的项目运行机制。项目推行前期，项目推行地需要制定项目申请计划书、项目规划、项目管理制度。项目推行期间，项目推行地需要制定项目援助资金发放计划，成立项目执行团队并选出管理者，对肉牛养殖户进行养殖技术传授、疫病防治、粪污处理等养殖服务培训和技术服务，在项目期结束后能保证养殖户独立进行母牛养殖工作。项目推行后期，项目推行地需要挑选出下一批被帮扶人员，顺利完成"礼品"传递工作。

三、河北省肉牛养殖主体金融需求影响因素分析

采用问卷调查法全面深入了解河北省肉牛养殖主体的金融需求情况，运用 Probit 模型实证分析肉牛养殖主体金融需求的影响因素，为后续金融供需对比分析提供依据。课题组对河北省承德、秦皇岛、保定、廊坊等市的重点肉牛养殖下辖县养殖场户进行实地调研，通过发放问卷、培训养殖户集中填写、实地访谈和电话访问等形式获得第一手数据，最大限度保障了问卷的多样性和代表性。本次调查共发放问卷 223 份，收回问卷 223 份，其中有效问卷 200 份，有效率为 89.69%，问卷设计分为三部分：一是养殖户基本情况。包括年龄、性别、受教育程度、参与养殖人数、借贷渠道及用途、有无投保及保费等；二是金融服务情况。包括贷款利率、贷款期限、贷款额度等；三是金融需求情况。包括贷款需求、保险需求等。

（一）肉牛养殖主体金融需求基本情况分析

按照养殖规模 100 头这一标准，将肉牛养殖主体分为肉牛养殖户和规模养殖场。本次调研问卷中，肉牛养殖户占比 59.50％，规模养殖场占比 40.50％。以下就对这两类肉牛养殖主体的金融需求情况分别进行分析。

1. 肉牛养殖户金融需求基本情况分析

（1）肉牛养殖户基本特征情况分析。 一是年龄分布。51 岁及以上的肉牛养殖户主占 88.23％，说明河北省肉牛养殖户年龄偏大，出现老龄化趋势。二是决策人性别分布。肉牛散养户决策人性别 100％为男性，说明在肉牛养殖中，男性因为经验丰富，执行一项决策或实施某种行为时，更理性和全面。三是受教育水平。初中及以上水平占 42.01％，说明河北省肉牛养殖户主受教育水平偏低，具体见表 7-9。四是从事肉牛养殖人数。河北省从事肉牛养殖人数多为 2 人，占比高达 62.18％，主要是老两口在家从事肉牛喂养，而子女大都外出打工的情况居多，具体见表 7-10。五是收入来源情况。由于肉牛养殖周期长，从事肉牛养殖工作，需要关注肉牛的生长动态，及时发现疫病等情况。肉牛养殖户收入来源主要为养牛获得的收入。为分析肉牛养殖数量对资金需求的影响，依据实际调研情况分为 10 头及以下、11～50 头、51～100 头，具体分类及占比见表 7-11。

表 7-9　肉牛养殖户主基本情况

单位：％

年龄分布	占比	受教育水平	占比
31～40 岁	0.84	小学及以下	57.98
41～50 岁	10.92	初中	34.45
51～60 岁	31.93	高中	7.56
61 岁及以上	56.30		

数据来源：根据调查问卷整理。

表 7-10　肉牛养殖户从事养殖人数分布情况

单位：％

肉牛养殖人数	占比
1	20.17
2	62.18
3	9.24
4	8.40

数据来源：根据调查问卷整理。

表 7-11　肉牛养殖户养殖数量情况分布

单位：%

肉牛养殖数量	占比
10 头及以下	21.00
11～50 头	59.66
51～100 头	19.33

数据来源：根据问卷数据整理。

（2）河北省肉牛养殖户金融需求情况统计结果如下：

一是养殖户资金需求与金融服务政策不相对称。据问卷统计，55.46%的肉牛养殖户存在资金需求，但其中大部分养殖户表示，除了有针对贫困户享有政府小额贷款扶持政策外，非贫困户融资渠道主要是向亲戚朋友借款。原因一是未听过有关畜牧产业方面的贷款优惠政策；二是缺乏贷款抵押品；三是存在到期无法偿还贷款的风险。

二是养殖户贷款用途较单一，主要是用于购买牛犊、饲料等方面，并非其他开支。

三是养殖户中超半数有过借贷行为，借贷途径主要是向亲戚熟人借钱。有借贷行为的养殖户中，向亲戚熟人借贷的占总借贷人数的 55.56%，其余的向农村信用社、邮储等金融机构和地方性商业银行贷款。

2. 规模养殖场金融需求基本情况分析

（1）规模养殖场基本特征情况分析。 一是年龄分布。51～60 岁的规模养殖场主占 44.44%，61 岁及以上的规模养殖场主占 28.40%。这种情况说明中老年人更有精力、能力去经营规模较大的肉牛养殖场。二是决策人性别。规模养殖场中 98.44%的决策人为男性。三是受教育水平。初中及以上水平占 67.90%，说明河北省肉牛规模养殖户受教育水平相对较高，具体见表 7-12。

表 7-12　规模养殖户基本情况

单位：%

年龄分布	占比	受教育水平	占比
31～40 岁	1.23	小学及以下	32.10
41～50 岁	25.93	初中	43.21
51～60 岁	44.44	高中	17.28
61 岁及以上	28.40	专科及以上	7.41

数据来源：根据调查问卷整理。

四是从事肉牛养殖人数。规模养殖场从事养殖人数多为 3 人和 4 人，占比分别为 32.10%和 25.93%，说明规模养殖场因养殖规模大，所需从事养殖人数增加，甚至存在雇佣人员的情况，具体见表7-13。

表 7-13 规模养殖场从事肉牛养殖人数分布情况

单位：%

肉牛养殖人数	占比
2	22.22
3	32.10
4	25.93
5	11.11
6	2.47
7	1.23
8 人及以上	4.94

数据来源：根据调查问卷整理。

五是收入来源情况。为分析肉牛养殖数量对资金需求的影响，依据实际调研情况分为101～200头、201～300头、301头及以上，具体分类及占比见表7-14。

表 7-14 规模养殖场养殖数量情况分布

单位：%

肉牛养殖数量	占比
101～200 头	75.31
201～300 头	16.05
301 头及以上	8.64

数据来源：根据问卷数据整理。

（2）河北省肉牛规模养殖场金融需求情况统计结果如下：

一是规模养殖场贷款用途较单一，主要是用于购买牛犊、饲料等养殖方面。

二是规模养殖场资金需求量大。规模养殖场的养殖规模在100头以上，甚至上千头，规模养殖场的资金需求量更大。

三是规模养殖场的借贷途径主要是金融机构。包括农村信用社、邮政储蓄银行和农业银行等金融机构和地方性商业银行。由于规模养殖场有厂房或法人信用作贷款抵押，符合金融机构贷款条件，容易获得贷款审批。

（二）肉牛养殖主体金融需求影响因素初步分析

1. 年龄与资金需求无明显相关关系。

根据调研数据，在30～40岁负责人的肉牛养殖主体中，有资金需求的占

· 131 ·

资金需求总量的 1.69％；41～50 岁负责人的肉牛养殖主体占资金需求总量的 17.80％；而 51～60 岁的占 45.76％，61 岁及以上的占 34.75％。有资金需求的肉牛养殖主体年龄集中在 51～60 岁和 61 岁及以上两个年龄段，这一情况可能与该年龄段养殖主体数量较多且养殖规模较大有关；30～40 岁的占比最少可能与该年龄段的肉牛养殖主体的本身数量少有关，具体见表 7-15。

表 7-15　不同年龄段负责人的养殖主体资金需求情况

单位：％

不同年龄负责人的肉牛养殖主体	有资金需求所占比例
30～40 岁	1.69
41～50 岁	17.80
51～60 岁	45.76
61 岁及以上	34.75

数据来源：根据问卷数据整理。

2. 性别与金融需求无明显相关关系。

本次调研中，肉牛养殖主体基本以男性为主，无明显的性别差异，这种情况与肉牛养殖本身特点有关。

3. 受教育水平与金融需求呈正相关关系

小学及以下水平的有金融需求的占该教育水平总人数的 45.26％，初中水平的占 69.74％，高中水平的占 69.57％，专科及以上水平的占 100％。这一占比情况说明受教育水平影响肉牛养殖主体对信贷知识的认知程度。

表 7-16　不同教育水平负责人肉牛养殖主体资金需求情况

单位：％

不同教育水平肉牛养殖主体	有资金需求所占比例
小学及以下	45.26
初中	69.74
高中	69.57
专科及以上	100

数据来源：根据问卷数据整理。

4. 养殖规模与金融需求呈正相关关系

在不同规模的肉牛养殖主体中，养殖头数小于 10 头的养殖主体基本上靠政府扶持、自己的储蓄和出售肉牛的收入实现资金循环利用，贷款或借钱行为几乎没有；10~100头有资金需求占该养殖规模总人数的70.21%，100~200头的有资金需求占总该养殖规模总人数的74.51%，200头及以上的有资金需求占该养殖规模总人数的92.31%，表明肉牛养殖规模与金融需求呈正相关关系。这是因为在养殖过程中养殖规模越大，饲料消耗、雇佣人员、牛舍修建和扩建、购买牛犊、疫病防控、租赁土地等费用就越多，资金需求量也就越大，具体见表7-17。

表 7-17　不同规模养殖主体的资金需求在该养殖范围占比情况

单位：%

养殖规模范围	占比
0~10 头	0
10~100 头	70.21
101~200 头	74.51
201 头以上	92.31

数据来源：根据问卷数据整理。

5. 政府政策保障与金融需求之间呈正相关关系

政府通过与金融机构、保险公司合作，建立担保平台，提供贷款贴息、贷款担保、保费缴纳及针对贫困户免息、免担保的小额贷款等方面的扶持政策，降低了金融机构的放贷风险和养殖主体的养殖风险，激发了肉牛养殖主体的贷款和投保的积极性。因此，政府保障政策越完善，肉牛养殖主体金融需求就越强烈。

6. 贷款条件与金融需求之间呈负相关关系

贷款条件指贷款时在利率、抵押品等方面的规定。肉牛养殖主体无论向正规金融机构还是向非正规金融机构贷款都需要支付一定的利息。调研发现，金融机构贷款利率通常低于5%，非正规金融机构贷款利率明显高于5%，而向亲戚熟人借钱有的是无息的，有的也支付一定的利息。

（三）肉牛养殖主体金融需求影响因素显著性分析

运用Probit模型，实证分析显著影响肉牛养殖户和规模养殖场金融需求的因素。

1. 模型选择和变量定义

选用二项分布的Probit模型对影响肉牛养殖主体金融需求各因素进行分析，模型表达式为：$Y = \beta_1 X_1 + \beta_2 X_2 + \beta_3 X_3 + \beta_4 X_4$

对肉牛养殖户和规模养殖场的变量定义，具体见表7-18和表7-19。

表 7-18　肉牛养殖户的各变量定义情况

变量	定义
Y	有没有金融需求：没有需求＝0，有需求＝1
X_1	年龄：30～40岁＝0，41～50岁＝1，，51～60岁＝2，61岁及以上＝3
X_2	受教育水平：小学及以下＝0，初中＝1，高中＝2
X_3	养殖规模：10头以下＝0，11～30头＝1，31～50头＝2， 51～70头＝3，71～100头＝4
X_4	政府扶持：没有扶持＝0，有扶持＝1
X_5	抵押品：没有＝0，有＝1
X_6	养殖人数：1人＝1，2人＝2，3人＝3，4人＝4

表 7-19　规模养殖场的各变量定义情况

变量	定义
Y	有没有金融需求：没有需求＝0，有需求＝1
X_1	年龄：30～40岁＝0，41～50岁＝1，51～60岁＝2，61岁及以上＝3
X_2	受教育水平：小学及以下＝0，初中＝1，高中＝2，专科及以上＝3
X_3	养殖规模：100～200头＝0，201～300头＝1，301头及以上＝2
X_4	政府扶持：没有扶持＝0，有扶持＝1
X_5	抵押品：没有＝0，有＝1
X_6	养殖人数：2人＝0，3～4人＝1，5～7人＝2，8人及以上＝3

2. 计量结果

运用 Eviews8.0 软件对肉牛养殖户和规模养殖场数据分别进行实证分析，得出结果，具体见表 7-20 和表 7-21。

表 7-20　肉牛养殖户金融需求影响因素 Probit 模型回归结果

估计方法：ML-Binary Probit	
计算观测值数	119
$Y＝0$ 是无金融需求的养殖户人数	58
$Y＝1$ 是有金融需求的养殖户人数	61
X_1	0.654 1 (1.709 9, 0.087 3)
X_2	0.590 1 (1.283 5, 0.199 3)
X_3	2.206 4** (4.906 9, 0.000 0)
X_4	1.419 6** (2.269 5, 0.023 2)
X_5	1.220 0** (2.129 3, 0.033 2)

（续）

估计方法：ML-Binary Probit	
X_6	0.267 9 (0.716 6, 0.473 6)
C	−5.448 1 (−3.223 2, 0.001 3)
% Correct of Estimated Equation：90.76%	Prob (LR statistic)：0.000
McFadden R-squared：0.646 3	

注：a. 括号中的第一个数字为 Z 值，第二个数值为概率 P 值。

b. **表示在5%的水平下显著。

由表 7-20 的回归结果可知，估计结果预测准确率为 90.76%，显示出对肉牛散养户的调查情况相对较好，预测结果较为理想。模型中，McFadden $R^2=$ 0.646 3，该结果较为合理。

表 7-21 拟合优度的检验结果

H-L Statistic：5.085 8	Prob. Chi-Sq (8)：0.748 4
Andrews Statistic：22.279 7	Prob. Chi-Sq (10)：0.013 7

由表 7-21 可知，模型回归结果的拟合优度方面，零假设为拟合完全充分，检验的思路是通过分组比较拟合值和实际值，如果差异很大，就认为模型拟合不充分。而 H-L Statistic 的值为 5.085 8 检验相伴概率为 0.748 4，Andrews Statistic 检验的相伴概率为 0.013 7，由相伴概率数值得出，不能拒绝原假设，模型拟合较好。

表 7-22 规模养殖主体金融需求影响因素 Probit 模型回归结果

估计方法：ML-Binary Probit	
计算观测值数	81
$Y=0$ 是无金融需求的养殖户人数	28
$Y=1$ 是有金融需求的养殖户人数	53
X_1	−0.096 5 (−0.236 7, 0.812 9)
X_2	0.187 2 (0.339 7, 0.734 1)
X_3	1.241 4** (2.091 4, 0.036 5)
X_4	2.033 3** (2.013 2, 0.044 1)
X_5	2.364 1** (3.822 5, 0.000 1)
X_6	1.568 6 (1.785 8, 0.074 1)
C	−2.785 3 (−1.870 1, 0.061 5)
% Correct of Estimated Equation：93.83%	Prob (LR statistic)：0.000
McFadden R-squared：0.758 5	

注：a. 括号中的第一个数字为 Z 值，第二个数值为概率 P 值。

b. **表示在5%的水平下显著。

由表7-22的回归结果可知，估计结果预测准确率为93.83%，显示出对规模养殖主体的调查情况相对较好，预测结果较为理想。模型中，McFadden R^2 = 0.758 5，该结果较为合理。

表 7-23 拟合优度的检验结果

H-L Statistic：1.991 8	Prob. Chi-Sq（8）：0.981 3
Andrews Statistic：40.328 6	Prob. Chi-Sq（10）：0.000 0

由表7-23可知，模型回归结果的拟合优度方面，零假设为拟合完全充分，检验的思路是通过分组比较拟合值和实际值，如果差异很大，就认为模型拟合不充分。而 H-L Statistic 检验相伴概率为 0.981 3，Andrews Statistic 检验的相伴概率为 0.000 0，由相伴概率数值得出，不能拒绝原假设，模型拟合较好。

3. 肉牛养殖主体金融需求影响因素的显著性分析

（1）肉牛养殖户金融需求影响因素显著性分析。 根据上述表7-20和7-21计量分析结果得出，肉牛养殖户金融需求受养殖规模、政府扶持和抵押品的影响较显著。具体影响情况为：一是养殖规模与金融需求呈正相关关系。肉牛养殖具有养殖周期长的特点，肉牛养殖户养殖规模越大，养殖过程中在购买饲料、防疫等方面的开支越大，所需资金量就越大，金融需求就强烈。二是政府扶持与金融需求呈正相关关系。为推动肉牛产业成为脱贫产业，政府通过实行贷款贴息支持政策，推动养殖户开展肉牛生产。因此，对于肉牛养殖户来说，政府产业政策扶持力度越大，金融需求越强烈。三是抵押品与金融需求呈正相关关系。对于一般肉牛养殖户，在养殖中有金融需求时，因缺乏符合条件的抵押物和担保人，银行放贷意愿不强，使得肉牛养殖户金融需求受抑制。因此，有无贷款抵押品是影响肉牛养殖户金融需求的重要因素。

（2）规模养殖场金融需求影响因素显著性分析。 上述表7-22和7-23计量分析结果得出，规模养殖场金融需求受养殖规模、政府扶持和有无抵押品的影响较显著。具体影响情况为：一是养殖规模与金融需求呈正相关关系。对于养殖规模较大的规模养殖场，在购买饲料、防疫、雇佣费用、厂房扩建、购买牛犊等方面开支越大，金融需求就越显著；二是政府扶持与金融需求呈正相关关系。政府为提高龙头企业带贫能力，会推行利率优惠、贷款补贴等贷款优惠政策，鼓励规模养殖场扩大养殖规模，使得规模养殖场的金融需求就越显著；三是有无抵押品与金融需求呈正相关关系。规模养殖场，拥有厂房、设备、公司法人信用担保等贷款担保和抵押物，符合银行贷款条件，更易获得银行贷款，金融需求就较强烈。

此外，据问卷调查数据得出，一个地区的利率波动较小，对养殖主体的金融需求影响不显著。且运用 Eviews 软件对利率这一因素进行实证分析，得出该变量与其他变量之间存在相关性。因此，并未对该因素进行实证分析。

四、河北省肉牛养殖金融供需对比分析及金融服务政策调整建议

（一）河北省肉牛养殖金融供需对比分析

根据以上研究内容进行对比得出，河北省肉牛养殖金融供需在一定程度上存在不均衡，主要表现在以下四个方面：

1. 金融政策服务主体范围较小，而金融需求主体范围较广

目前各地政府尤其是贫困县政府已建立了贷款担保平台，创新了金融服务模式，实行了肉牛产业补贴、贷款贴息、保费补贴等金融支持政策，有效解决了肉牛养殖主体贷款难和养殖风险高的问题。但是这类金融服务政策主要针对建档立卡贫困户、龙头企业、合作社等主体，而对于有金融需求的一般肉牛养殖主体，因不享受贷款优惠政策且缺乏贷款抵押物，贷款需求得不到满足。

2. 融资产品供给种类较少，而养殖主体金融需求多样化

在金融供给方面，目前农业类融资产品供给多为5万元左右的小额贷款，大规模农业类贷款产品种类较少，且贷款条件严格，审批难度大。在金融需求方面，肉牛养殖主体由于自身条件和养殖规模的差异，对融资规模、融资期限、融资渠道、融资形式和利率的需求不同，因此，金融需求呈现出多样化的特征。小规模肉牛养殖户需要手续简便、中短期小额贷款，而大规模肉牛养殖场则需要贷款规模大的中长期贷款产品。两者出现了金融供给的不充分与金融需求多样化的矛盾。

3. 金融机构惜贷和肉牛养殖主体资金缺乏的困境同时存在

一方面金融机构较难收集到需要贷款的肉牛养殖主体的全部资信信息，或者收集、鉴别这些信息的成本较高，从而导致金融机构不愿给这类肉牛养殖主体发放贷款；另一方面，金融机构的贷款信息众多繁杂且金融政策宣传力度小，对于年龄偏大、文化水平不高的肉牛养殖主体而言，对专业性强的金融服务政策认知不到位，单纯认为贷款风险高，造成有贷款需求的肉牛养殖主体金融需求受到抑制。

4. 农业保险普及度不高，无法完全对接有投保需求的肉牛养殖主体

目前，河北省畜牧业保险政策只针对能繁母猪和奶牛推行，肉牛保险政策主要在河北省贫困县和部分市县开展，且以推行政策性农业保险为主，商业性农业保险为辅。对于其他肉牛养殖地区，并未推行肉牛保险政策，出现了养殖主体有投保需求却无对应的农业保险政策的情况。

（二）河北省肉牛养殖金融服务政策调整建议

1. 政府创新金融服务方式，破解肉牛养殖资金难题

第一，政府搭建信贷风险担保平台。一是政府应继续将财政资金投入到贷款贴息、不良贷款补偿等方面，形成财政对农业类贷款的直接补偿机制；二是推动担保业务的发展。各地政府积极出资设立农村担保机构，引入商业资本入股，增强担保机构的资本实力。同时，鼓励商业性担保公司拓展畜牧业担保业务，加快解决肉牛养殖主体的担保难题和资金难题。

第二，政府应依据地方产业发展特点，借鉴河北省已有的肉牛养殖金融服务模式，创新出适合本地区的金融服务模式。

一是推广以政府为引导的金融服务模式。借鉴隆化县"政银企户保"模式中的政府引导和金融机构参与的经验，通过整合涉农资金建立信贷风险担保平台，通过竞争择优选择合作银行，达成依据政府注资金额，金融机构按照一定比例放大贷款额度的协议向养殖户发放贷款，通过提供财政激励政策的方式与保险公司合作，鼓励保险机构根据地区特点研发保险险种，以降低金融机构的贷款风险和养殖户的养殖风险，提高金融机构、保险公司和养殖户参与的积极性。

二是推广社会扶持为主导的金融服务模式。政府应借鉴涞源县小母牛项目提供扶持资金和政府参与的经验，根据当地产业发展条件和特点，选择适合的项目合作机构，探寻出适合这一金融服务模式的实施路径。实施路径应包含两方面：一方面，项目合作机构提供产业扶持资金；另一方面，政府应积极帮助挑选项目执行人员、合作社负责人、项目扶贫对象和专业养殖人员等，组织培训母牛养殖技术、配种技术等养殖技术，寻找合适的肉牛销售渠道。通过公益机构和当地政府的共同努力，保障项目的顺利推行，进一步解决肉牛养殖贷款难的问题，帮助贫困户实现产业脱贫。

三是推广保险先行的金融服务模式。政府应借鉴阜平县"政融保"模式充分发挥保险资金直接用于支农融资的经验，积极与保险公司合作探索建立农业保险联办共保机制，即建立保险专项账户，政府和保险公司按照协商比例对保费收入、保险赔款实行分摊，以降低保险公司的经营风险，构建政府、银行和保险公司的合作机制。首先，参保农户通过保单质押和贷款保证保险凭证去银行贷款，降低银行的信贷风险。其次，政府应加强与保险公司合作，根据地方实际需求，拓展特色种植养殖产业的保险险种和保费补贴，将承保范围从灾害险和疫病疾病险扩大到成本损失险、产品质量责任险，最大限度降低农户的经营风险，发挥保险兜底作用。同时，保险公司创新支农融资产品，以保险资金直接支持参保农户发展种养殖生产经营活动。最后，打造政企合作的金融服务

体系。政府与保险公司、银行合作共建三农金融服务体系，利用乡、村两级政府熟悉当地产业发展特点的优势，共同做好政策宣传，共同开展保险与贷款业务，共同进行查勘定损与理赔服务，解决信息不对称问题，以降低银行、保险公司的经营风险，最大限度满足农户的金融需求。

2. 金融机构提升信贷服务水平，满足养殖主体多样化的信贷需求

一是扩大信贷抵押范围。金融机构针对小规模肉牛养殖户缺少有效信贷抵押品的情况，可灵活核准贷款抵押物及信用，改变或扩大贷款抵押品的范围，探索开展生物资产可抵押的贷款产品，以养殖品或是以未来养殖收益作为抵押申请贷款，最大限度满足肉牛养殖户的贷款需求。二是开发养殖专业特色贷款产品。金融机构对于不同畜种的规模养殖场，因养殖特点、养殖周期不同，所需贷款额度、贷款量和贷款期限都有所不同，重点从贷款额度和贷款期限两方面探索畜牧业贷款产品，做细金融产品贷款种类，满足不同规模养殖场的贷款需求。三是提供多样化的金融服务方式。金融机构应重视推广电话咨询、短信提醒等电子银行的发展，增加标准化营业网点的设立量，完善农村基础金融服务设施，让农户能够及时、就近地办理信贷业务，提高信贷业务服务效率。

3. 保险公司积极探索农险服务模式，精准对接农户投保需求

为拓宽农业保险保障范围，对接不同类型主体差异化风险保障需求，保险公司需要探索多种农险服务模式。一是推广"政府＋基本保险"模式。肉牛养殖户关注的是当发生损失时，保险公司能及时、有效和合理地实施赔付，最大限度降低损失，但对于缴纳保费这一行为却持有抵触心理。因此，针对这类肉牛养殖主体，保险公司可以与地方政府合作，推行政策性农业保险，保险公司和政府按照一定比例对保费、赔付合理分摊，降低农户的养殖风险，保障农户正常的生产经营。二是探索"政府＋特色农险"模式。为推进特色农业产业的可持续发展，在政策性农业保险的基础上，保险公司应依据地方种养殖业的发展特色，通过座谈走访、现场参观交流等形式，详细了解农户对特色产业的认知情况，因地制宜积极探索开发特色农业保险险种，政府和农户依据特色农业保险的缴纳比例分担保费，进一步提高农业保险的承保率和覆盖面。

4. 养殖主体积极利用各项惠农支农金融服务政策

为解决肉牛养殖资金难题，部分养殖主体需要转变贷款利率高，信贷风险高这一传统思维观念，最大限度地参与到各项惠农金融服务政策中去。一是积极利用各项金融服务政策。贫困户应利用政府出台的免担保、免抵押的小额扶贫贷款政策；规模养殖场、合作社等扶贫龙头企业应利用差别化贴息的产业贷款政策、财政奖励政策和配套设施建设的项目扶持，提高各项金融政策的落实

效用，帮助贫困户实现产业脱贫。二是积极参与金融知识宣传活动。目前，金融机构定期以张贴横幅、发放传单、讲座等形式组织金融知识宣传活动，目的是有效提高金融知识普及度，扩大金融服务受众面，更好地发挥金融服务对农业产业的扶持作用。农户应积极参与金融知识宣传活动并认真聆听讲解，咨询所遇到的贷款难题，提高自己的金融认知度，学会并习惯使用金融产品，利用好各项惠农支农的金融服务政策。

专题八：养牛大县（含典型村）肉牛扶贫产业成效评估报告

一、阳原县肉牛扶贫产业成效评估报告

按照省农业农村厅的安排，肉牛扶贫产业成效评估组于 2019 年 5 月 6 日到 9 日赴阳原县进行了实地调研，听取了阳原县领导的产业扶贫工作汇报，召开了有农业农村局负责人、龙头企业和乡镇代表参加的座谈会，实地走访了典型乡镇、村、养殖户和规模较大的 3 家肉牛养殖企业，核查了阳原县产业扶贫资料和"十三五"发展规划、畜牧业发展规划、肉牛产业发展扶持办法等相关政策文件，通过认真的梳理分析，对阳原县的肉牛产业发展及其扶贫情况有了比较全面的了解。在此基础上，形成此报告。

（一）阳原县肉牛扶贫产业成效评估

根据阳原县提供的资料，截止到 2018 年底，全县肉牛存栏量为 13 920 头，有 6 家龙头企业参与扶贫。全县养牛产业共吸收入户资金 1 985.2 万元，覆盖全县 43 个村，3 256 户贫困户，户均增收 500 元左右。

1. 产业发展前景

（1）阳原县发展肉牛产业有资源、传统和区位优势

①资源优势。一是阳原县总面积 1 849 平方千米，常用耕地面积 78.99 万亩，经计算，阳原县每头牛配套的耕地达到了 5.67 亩，按照世界上公认的养一头牛配 2 亩地的标准，阳原县养牛配套耕地非常充足。二是耕地、林果、蔬菜为肉牛粪污处理提供了良好的出路，养殖业与种植业形成良性循环。三是冷凉气候适合肉牛生长，干燥的空气使得养牛产生的粪污很快干燥，处理成本低，气味小，对环境污染比平原地区小。

②传统优势。阳原地处山区，泥河湾文化发源地，自古具有养马、养牛的习惯。目前全县 301 个行政村中，有 60% 以上的村在养牛，传统优势明显。

③区位优势。张承地区是全省肉牛优势产区和重要的繁育基地，发展肉牛产业符合全省区域布局，区位优势明显。

（2）产业特色明显

①农户母牛繁育是特色。当地农户养殖母牛少则 3～5 头，多则十几头，饲养成本低，犊牛销路好，小公牛可赚 6 000～7 000 元，小母牛可赚 5 000 元，一年就可脱贫。育肥场收购本地农户小牛的成本比到外地购买架子牛节省 1 000～1 500 元，真正实现了双赢。

②肉牛产业对阳原县农业的贡献率接近 1/5。经计算，阳原肉牛产业增加值贡献率为 18.6%（即肉牛产业产值占农林牧渔总产值的比重），产业扶贫带动力不容忽视。

（3）销售情况良好，但没有加工增值和品牌

调查发现，农户的小牛犊和规模育肥场的活牛都供不应求。活牛销往北京、天津、内蒙古、广州等地。阳原县肉牛产业已经形成了以下链条：一是产前的饲料种植，主要来自当地的玉米及杂粮杂豆种植，二是农户母牛繁育，三是架子牛育肥，四是粪污还田。没有产后加工链条，未形成自有品牌，没有掌控销售市场，无法实现更大增值。

（4）科技服务体系比较健全

一是形成了稳定的科技服务队伍，原良种站培养的 7 名配种员保证了当地肉牛品种的优良率；二是科技培训做到了全覆盖，贫困户很满意。

（5）可持续发展前景可观

一是我国牛肉供不应求，肉牛产业发展前景良好；二是肉牛不易得病，饲养技术含量不高，普通老人都可以饲养，适合农村扶贫；三是阳原县的肉牛虽然品种杂，但优良品种率较高，能够确保实现较高的经济价值。

2. 产业项目效益

（1）养牛经济效益比平原地区高 1 500 元以上

平原地区一头牛利润为 3 500 元左右。阳原农户玉米和杂粮杂豆秸秆自用，饲料成本低，养一头牛的效益比平原地区高 1 500～3 500 元。肉牛养殖企业一头牛比平原地区高 1 000～1 500 元，养牛效益明显。

（2）龙头企业扶贫带贫效果明显，但机制不健全

全县 50 头以上的规模场共有 12 个，占养牛总户数 2 183 家的 0.55%，其中有 6 家养殖企业参与扶贫攻坚，共带动贫困人口 2 017 户，占全县贫困人口的比例为 10.17%。规模最大的益丰牧业利用贫困户小额贷款 500 万元进行光伏发电，带动贫困户 100 户，每户每年分红 3 600 元；利用扶贫入户资金 972 万元，带动贫困户 972 户，每户每年分红 1 000 元，同时采取高于市场价收购犊牛、玉米秸秆等方式带动周边农户。文卿公司每年给县扶农公司和贫困户

10%的收益。其他公司的带贫机制主要采取"保本分红收益"，即贫困户入股养殖场，每年得到固定分红，但并没有带领贫困户进入肉牛产业，不能为产业可持续发展提供保障。

（3）肉牛产业的区域专业化率排名第 4 位

肉牛产业总产值为 15 086 万元，占畜牧业总产值 69 626 万元的 21.67%，在全县畜牧业总产值中排第四位，不及前三位的羊、蛋鸡和猪。

3. 产业保障措施

（1）肉牛产业支持政策不多

查阅了阳原县的有关扶贫支持政策文件，未发现专门针对肉牛产业的支持政策。入户调研显示，除了较大规模的肉牛养殖企业获得贷款并获得贷款贴息外，其他补贴政策落地实施较少，农户的保险率几乎为零。

（2）精准扶贫大项目少，政策实施落地缓慢

来自于省农业厅的投资项目 1 250 万元，经阳原县服农公司投资建立了养牛场，文卿公司整体租赁，今后每年可获得 10% 的租金。但是其他扶贫办法虽然出台了但是没有实施。

（二）阳原县扶贫产业困境与不足

1. 肉牛产业扶持政策力度小

一是出台相关文件少、落地轻。近几年，县政府出台了 3 份有关推动肉牛业发展的专项文件，但没有真正落实或落实效果不明显。在《阳原县 2018 年脱贫攻坚推进方案》中，产业扶贫规划是"5＋3"产业，没有肉牛产业。二是支持力度小，资金少。2018 年全县整合了 4 亿多元的各级财政资金并将其50% 用于扶贫项目，但落到肉牛养殖方面的资金非常有限。三是支持政策缓慢。2019 年 2 月份出台的《阳原县启动肉牛养殖保险的实施方案（试行）》，制定了保险补贴政策，但到目前尚未实施。

2. 规模养殖场与贫困户之间没有建立起稳定长效的扶贫带贫机制

走访调查了阳原县较大的三家肉牛养殖企业，带贫机制主要是入股分红，如若企业倒闭或者撤出，脱贫户会得不到收益，可能就会返贫。因此，该扶贫模式难以发挥稳定、长效扶贫带贫机制的作用。

3. 产业链条短导致利益流失严重

目前，阳原县的肉牛产业重在繁育和育肥，没有屠宰加工，肉牛销售由经纪人把控，养牛的收益流失严重。

4. 养殖技术问题突出

一是品种混杂，没有改良规划。市场上不同品种肉牛价格相差 2 000 元。阳原县肉牛品种虽为良种，但品种混杂，养殖企业（户）品种意识不强。二是养殖技术落后。养殖企业（户）缺乏营养管理意识，主要表现为母牛养殖过程中饲料有啥喂啥，不懂营养搭配科学喂养，导致繁殖效率低、流产和成本高等问题。三是基本没有疫病防治措施。养殖企业（户）缺乏疫病防治的意识和措施，人畜共处没有防护措施。表现为没有定期消毒、接种疫苗等日常管理，缺乏对于人畜共患病的认知，更无防护措施。

（三）阳原县提升肉牛产业扶贫质量的建议

1. 改变观念，高端谋划

近几年牛肉市场价格一直上涨，受消费者消费观念的升级和非洲猪瘟影响，这一趋势不会改变，因此肉牛产业在较长时期内会是一个朝阳产业。而牛源不足问题是河北省和全国性的共性问题。阳原县恰好具有资源优势、传统优势和养殖效益优势。根据阳原的土地消纳能力，肉牛发展潜力可达到目前的 3 倍，去掉其他畜种的影响还可以翻一番，因此应将肉牛产业作为一个重点支持产业。从产业扶贫角度讲，肉牛产业作为扶贫产业可以帮留守老人脱贫，未来肉牛养殖规模扩大和产业链延伸，必将成为阳原县一个重要支柱产业。

2. 与相关产业政策联动，走绿色生态发展之路

肉牛产业产前联结玉米、杂粮杂豆和胡麻种植，产中粪肥经堆肥发酵后成为有机肥可改善地力、做成菌棒可发展食用菌产业，产后牛肉加工分割后可实现更高的利润增值，一个肉牛养殖产业可以带动 3 个产业发展，还可实现种植业和林果业的绿色生态发展，因此，几个产业政策应互相协调，发挥 1＋1 大于 2 的作用。

3. 肉牛产业发展宜采用"分散繁育、集中育肥、外包加工、自主品牌"的模式

规模化养殖场繁育效率大大低于家庭户养，导致赚钱很少甚至赔钱，国内一些规模化母牛繁育场都以失败而告终，因此，阳原的规划中发展万头母牛繁育场不符合产业发展规律，要慎重支持。根据阳原的特点，最好选择发展母牛家庭繁育、架子牛集中育肥、外包屠宰加工、打造自主品牌、开发京津市场的发展路径，为 2022 年冬奥会提供地标性牛肉产品。通过延伸产业链条，提升价值链，完善利益链。

4. 针对产业扶贫重点环节出台支持政策

目前阳原县肉牛产业扶贫的关键环节在于农户分散饲养，产业扶贫政策重点应是肉牛养殖保险补贴政策的落实和建立龙头企业带贫的长效机制。

5. 加强粪污处理技术的推广

不论是家庭母牛繁育还是育肥场，均可以通过简易的硬化地面并堆肥发酵处理技术，实现杀死粪污病菌的作用，同时晾干还田、优化土质，用于蔬菜种

植、杂粮杂豆种植的土壤改良，实现肉牛产业、蔬菜产业与生态农业协调发展的循环经济产业链。

二、丰宁县肉牛产业扶贫成效评估报告

按照河北省农业农村厅的安排部署，肉牛产业扶贫成效评估组于 2019 年 6 月 3 日至 5 日赴丰宁县进行了实地调查评估。评估组听取了丰宁县产业扶贫工作汇报，召开了由农业农村局负责人、新型经营主体和乡镇代表参加的座谈会，实地走访了苏家店乡、五道营乡的 3 个贫困村 36 个肉牛养殖户（其中 18 个贫困户），调研了 2 个新型养殖主体（德泰牧业和国超农业）和 1 个肉类屠宰加工企业（爱尚羊食品加工有限公司），核查了丰宁县产业扶贫资料和"十三五"发展规划、畜牧业发展规划、肉牛产业发展扶持办法等相关政策文件。通过认真梳理分析，对丰宁县肉牛产业发展及其扶贫情况有了比较全面了解，形成如下评估报告。

（一）丰宁肉牛产业特色优势与发展前景

丰宁县肉牛养殖产业经过持续改良，改变传统养殖方式，逐步向品种优良化、规模化、标准化、防疫制度化、粪污无害化迈进，现全县肉牛存栏 15 万头、年出栏 12.48 万头、产值 18.8 亿元，主要养殖品种为西杂、夏洛莱、西门塔尔、安格斯、利木赞等；主要分布在 287 个行政村，有省级十佳肉牛养殖场 2 个（国超农业开发有限公司、聚顺农业开发有限公司）、省级肉牛示范场 3 个、市级示范场 4 个、规模饲养场 73 个，养殖大户 303 户，29 709 户自主经营养殖散户。

1. 充足的草场、林地、耕地资源是肉牛产业发展得天独厚优势

一是林地资源丰富，草场面积广阔。丰宁县养牛配套草场面积 600 万亩，林地 754 万亩，折合每头牛配套草场 40 亩，林地 50.3 亩，远超国际标准。丰富的资源为肉牛繁育提供了优越条件，大大降低了饲养成本。二是耕地资源丰富。养牛配套耕地面积 139 万亩，当地玉米种植面积广阔，为肉牛育肥提供了充足的饲料、饲草资源。该地区是生产绿色、有机肉牛的"天然农场"。冷凉的气候和地理环境，造就了丰宁县肉牛卓越的品质。

2. 地处紧邻京津的农牧交错带是当地肉牛产业发展的独特区位优势

一是紧邻京津牛肉需求市场。丰宁县紧邻京津，距离北京市中心 180 千米，驾车 2 小时到达北京市区，距天津 300 千米，该地区自然资源丰富生态环境优越，在满足京津高端绿色食品需求方面具有天然优势。二是该地区处于农牧交错带，兼备牧区和农区畜牧业发展的双重优势，饲草料资源丰富，同时离

内蒙古、黑龙江、吉林及张家口等地较近，能够兼顾肉牛自繁自育和外购架子牛育肥工作。

3. 奶牛养殖与肉牛产业发展相互促进

一是当地奶牛产业良好的发展基础为肉牛产业提供了便利。丰宁是河北奶业发展重点县，现有奶牛存栏 2 万头，随着奶公犊育肥模式逐渐成熟，丰宁县在此方面具有广阔的发展前景。二是近年来全国奶业处于发展转型期，当地肉牛产业兴起成为奶牛养殖场转型的重要方向。三是该地区素有牛的养殖历史传统，养牛成为农村百姓生活的重要部分。

4. 不断攀升的牛肉价格和不断增长的市场需求为肉牛产业发展注入新动力

一是稳步上升的牛肉价格降低了养殖户的市场风险，2010 年以来牛肉价格逐年攀升，2018 年牛肉最高价格涨至每千克 71 元，实地调查反映有 70％的农户对市场风险的预判为较小风险或中等风险，仅有极个别养殖户认为市场风险较高。价格风险较低极大地刺激了当地农户的养殖积极性。二是牛肉市场需求量越来越大。牛肉是猪肉的替代品，随着非洲猪瘟蔓延，牛肉需求量不断扩大，牛肉的市场需求前景广阔。

5. 繁育模式和产业链整合模式创新为肉牛产业打开新窗口

一是规模化繁育模式创新为肉牛产业发展提供了新的思路。肉牛繁育一直以来由于成本高而不赚钱，导致育肥架子牛和犊牛牛源不足，长久以来制约着河北省肉牛产业发展。本次调研发现德泰牧业正探索一条新的肉牛繁育模式，该企业以舍饲繁育为主，现有基础母牛 800 头，据了解每头牛至少 3 000 元，是规模繁育的成功案例，为禁牧工作开展提供了重要参考。二是企业与农户结合的繁育模式。聚顺农业开发有限公司与农户签订合作协议，通过出售或寄养等形式与农户进行合作，由农户进行孕期母牛的养殖管理，待母牛生产之后按照协议收回犊牛或者母牛，实现利益共享，该模式进一步降低了企业管理怀孕母牛的压力，降低了企业成本，同时也降低了农户常年养殖母牛、受孕难及品种不良等牛的养殖成本和风险，这是一种双赢的模式，为河北省肉牛繁育工作提供了新思路。三是产业链整合模式创新。位于五道营乡的国超农业为有效解决流动资金问题，由过去的肉牛繁育，逐步转变为繁育与育肥相结合，为满足饲草料需求在五道营乡承包土地 6 000 亩，实现销售与规模化养殖和规模化种植的结合，这种由销售向养殖和种植延伸的模式为带动丰宁肉牛产业发展起到了显著的示范效应。

（二）丰宁肉牛产业发展及扶贫成效

1. 形成完善的政策体系和科学的领导管理体制

丰宁县为肉牛产业扶贫带动先后出台了关于产业结构调整、良种繁育、粮改饲、基础母牛扩群以及资金整合等政策文件 8 部，并全部付诸实施。同时，为保证扶贫政策落实和扶贫效果，丰宁县开创性地设立了县委书记和县长双指挥长脱贫攻坚产业全覆盖指挥部，抽调专人成立产业办作为常设机构，县级领导任肉牛产业专班班长，配齐部门分管领导和技术参谋，列目标、压任务、给权利。2019 年产业全覆盖扶持政策实施中规定，贫困户购牛每头补贴 6 000 元，最高补贴 12 000 元，圈舍每平方米补贴 200 元，最高 60 平方米的政策，该政策得到贫困户的热烈响应，在县乡政府的引导下贫困户之间开展合作经营，苏家店乡苏家店村 3 个贫困户充分利用该政策开展了合作养殖，集体购置母牛 43 头，并共同建设了圈舍 200 多平方米，流转承包土地 120 余亩用于种植青贮，得到了购牛补贴、棚舍建设补贴、青贮补贴等多个政策支持，并利用肉牛养殖保险进一步降低养殖风险。

2. 建立种养结合循环模式，促进规模化经营，发挥产业整体带贫能力

丰宁县为肉牛规模养殖场流转土地 10 余万亩用于种植青贮玉米，既解决了产业发展的饲草料问题，又带动了贫困户增收。据统计，全县肉牛产业配套土地流转或者与养殖场订单收购方式共带动贫困户 3 000 户，贫困户从每亩土地中增收 300 元。土地流转和规模化种植解放了劳动力，丰宁县肉牛养殖场安排贫困户务工人员 800 户，预计每户年收入 3 万元。养殖企业大规模承包土地进一步促进了规模化经营和种养结合，例如在座谈中了解到五道营乡石人沟村的聚顺农业开发有限公司共承包土地 5 000 亩，涉及农户 2 000 多户，其中贫困户 624 户，规模化种植青贮玉米作为肉牛饲草料，预计立方米降低成本 30～50 元，肉牛养殖过程中产生的粪便经过堆肥等处理之后用于还田，既降解了粪污，又提高了土壤肥力。

3. 整合与协调扶贫项目和资金，充分发挥整体带动作用

丰宁县肉牛产业整合扶贫项目 64 个，扶贫资金共 4.88 亿元，带动贫困户 7 069 个，占全县贫困户总数的 35％，户均增长 1 500 元，产业扶贫覆盖效果好。例如，"肉牛保险＋政融宝"模式下，2019 年投保肉牛 117 916 头，保费 3 197.744 万元，涉及全县 73 个规模养殖场，287 个养殖村，覆盖 1.7 万个贫困户，挽回经济损失 1 200 多万元；政融宝共融资 3 500 万元，带动贫困户 700 户，增收 140 万元。

4. 创新利益联结机制和带贫模式，拓展贫困农户增收途径和收益能力

丰宁县根据实际需要创立了丰富的带贫模式，如入股分红模式、直接带户模式、参与经营模式、固定收益模式、合作养殖模式、险资直投模式以及资产收益模式等，各种模式均在不同程度上发挥了带贫作用，取得了显著成效。例如，苏家店乡苏家店村根据贫困户有无劳动能力进行分类，分别实行自主经营和入股分红有针对性的脱贫，有 67 户有劳动能力的贫困户，通过自主经营模式利用养殖补贴每头牛 6 000 元政策，买牛 107 头，而没有劳动能力的贫困户则通过入股资金分红形式进行脱贫，每户申请扶贫资金 5 000 元或者整合涉农资金 1 万元入股到企业或合作社间接参与经营，目前共有 89 户与德泰牧业、丰北农牧业和常泉养殖合作社建立了合作关系，入股资金 10% 分红，预计每年人均收益 1 000 元；苏家店乡 2018 年通过合作养殖模式实现贫困户与当地合作社在苏家沟联建规模养殖小区 2 000 平方米，实现合作社集中管理与贫困户自主饲养相结合的示范管理，可以实现永久脱贫，预计每头牛的收益达到 5 000 元。

（三）丰宁县肉牛产业扶贫的困境与不足

1. 个别养殖户对肉牛产业（扶贫）政策认识不清，了解不到位

在对新型经营主体和肉牛养殖户调查中，肉牛养殖场、农民专业合作社等新型经营主体对当前实施的有关肉牛相关产业（扶贫）政策了解较多而且深入，多数新型经营主体都知道 4~6 个相关政策；养殖户尤其贫困户对相关政策了解少、认识程度不高，一般养殖户只了解 1~2 个肉牛产业扶持相关政策，在一定程度上影响产业扶贫效果。这一状况一方面说明，在人口密度低的高原山区推进实施产业（扶贫）政策的难度大；另一方面，也表明县乡两级政府在落实产业政策、推进产业扶贫绩效上依然存在提升空间。

2. 部分肉牛养殖户尤其贫困户禁牧后尚未接受养殖方式的改变

丰宁县是河北省面积第二大县，有着丰富的林地、草场资源。凭借资源优势，长期以来农民形成的散撒养殖方式，已成了当地肉牛养殖习惯。禁牧政策出台后，养殖户不易接受肉牛舍施养殖方式。因此现在养牛与过去相比，一方面要增加舍施投入（过去基本没有投入），另一方面还不得不增加饲草、饲料的支出，付出更多时间和精力。养殖方式转变对肉牛养殖户尤其贫困户来说是一个难以接受但必须面对的现实问题。

3. 肉牛产业发展不均衡，产业链条短

丰宁县依据自身得天独厚的区位、资源、传统优势，肉牛养殖业已成为该县产业扶贫的龙头。相对于肉牛养殖业，加工屠宰、市场建设及技术服务等行业明显偏弱。目前丰宁只有一家牛羊屠宰企业——丰宁满族自治县爱尚羊食品加工有限公司，该公司只有一条肉牛屠宰生产线（基于精细化分割设计），但由于高档牛源问题导致开工率不足 10%。目前丰宁肉牛交易主要集中到张家口、围场县和内蒙古，本地没有大型肉牛交易市场。产业健康发展需要一二三产业融合和提升，弱势产业会成为产业发展的瓶颈和束缚。

4. 尚未建立属于本地的肉牛优势品牌

丰宁县独特的地域优势、扎实的产业基础和优厚的资源条件具备形成地域优势品牌的先决条件，然而目前没有形成一个有关肉牛产业的品牌，使得产品

优质不优价，肉牛产业只能获取基本的平均利润，无法获取基于品牌的超额收益。因此肉牛产业品牌建设需要不断加强。

5. 个别散养户、养殖场对环境问题的重要性认识不够

尽管肉牛养殖对环境破坏较小，但规模养殖对环境的影响依然不能忽视。长期以来，养殖人员环境意识不强，加上散撒养殖对环境的影响不集中、缓慢，没有引起人们的重视。舍饲养殖后，规模养殖导致对环境的影响集中显现出来，粪污如果不能及时还田或处理，露天堆放，导致环境污染问题时有发生。

（四）丰宁县提升肉牛产业扶贫效果的建议

1. 加大肉牛产业扶贫政策、禁牧政策和环保政策的宣传力度

丰宁县已出台了许多肉牛产业发展和产业扶贫政策，争取上级和本级安排并整合扶贫资金多种方式用于发展肉牛养殖和产业扶贫，并且在运行中对促进产业发展和产业扶贫的成效明显。虽然县乡村各级部门都进行过各种类型的宣传，但部分肉牛养殖户和贫困户依然对这些政策不熟悉、不了解。因此，应进一步加大肉牛产业及扶贫政策的宣传力度，确保政策了解的全覆盖。深入乡、村、户，宣传解读禁牧政策、环保政策，讲解当前发展舍饲养殖和粪污还田的必要性和重要性，引导养殖户理解并积极配合禁牧和环保政策，尽快适应养殖方式转变。

2. 创建本地肉牛优势品牌，获取品牌效益

充分利用本地得天独厚的区位和资源优势，打造丰宁独特的肉牛品质，加大宣传和推介力度，逐步创建本地肉牛品牌。加强肉牛屠宰加工企业的引导，鼓励牛肉精细化分割，创建加工品牌，以品牌提升肉牛产业发展空间和深度。

3. 加快肉牛全产业链构建，提升产业附加值

目前丰宁县肉牛养殖已初具规模，第一产业基础较好，二、三产业相对滞后，但从全产业链发展视角看，仍需加强肉牛屠宰加工、肉牛合作组织及第三方服务等二、三产业发展力度，加速肉牛产业提质增效，增加产业附加值，提升肉牛产业整体发展水平。加速推进肉牛交易市场建设，改变过去单纯依靠经纪人或第三方进行销售的状况，更大限度地获取销售收入。

4. 提前谋划肉牛舍饲规划，为养殖方式转变搭桥铺路

在绿色发展及环境保护的政策方针下，因地制宜谋划肉牛养殖方式的转型工作，推动肉牛养殖逐渐由放牧向舍饲转变。在转型过程中，要加强技术服务，使养殖户快速掌握舍饲管理方式及技术，减少转型中可能出现的不适问题；要大力解决肉牛养殖用地问题，合理规划养殖小区、安置点地址等工作，使转型平稳过渡。

5. 统筹产业发展布局，促进肉牛产业绿色可持续发展

在肉牛产业发展中要根据全县自然资源和环境承载力统筹发展布局，建设坝上区域以基础母牛繁育为主，坝下地区以集中育肥为主，半坝地区发展母牛繁育和集中育肥相结合。加强肉牛产业发展整体谋划，按照粗饲料及粪肥土地承载能力设定大体养殖规模，实行以种定养，实现种植养殖循环可持续发展。加强肉牛粪污资源化利用工作，建设必要的粪污贮存处理设施设备，使粪污全部综合利用，防止对环境造成污染。

三、隆化县肉牛产业扶贫成效评估报告

按照省农业农村厅统一安排部署，2019 年 6 月 1 日至 3 日，省产业扶贫办组织河北省肉牛产业创新团队有关人员，赴隆化县进行肉牛产业扶贫成效评估。评估组听取了该县关于产业扶贫工作的全面汇报，召开了新型经营主体和驻村干部参加的座谈会，对山湾乡皮匠营村等 3 个贫困村、2 个新型经营主体和 20 个农户进行了实地调查走访，发放回收问卷 22 份。评估组对隆化县肉牛产业扶贫情况进行认真梳理和深入分析，形成此评估报告。

（一）隆化县肉牛产业特色优势与发展前景

1. 肉牛产业优势明显

隆化县肉牛养殖历史悠久，产业基础雄厚。一是自然资源优势。境内水资源丰富，内有滦河、伊逊河、蚁蚂吐河、武烈河四条主要河流，均属滦河水系，正常年份水资源总量约 10.86 亿立米；人均水资源占有量 2 413.33 万立方米，每亩耕地水资源占有量 1 255.49 立方米，均居河北省首位。隆化县现有天然草场面积 180 万亩，林地面积 488.6 万亩，耕地面积 86.5 万亩，可利用饲草料面积占土地总面积的 91.58%，具有得天独厚的肉牛养殖条件。二是传统优势。隆化县养牛历史可以追溯至 20 世纪 70 年代，养牛传统深入民心。三是区位优势。隆化县北邻围场、内蒙古自治区等牛源集聚地，南近承德、京津唐等牛肉消费区，区位优势显著。

2. 肉牛主导产业地位鲜明

隆化县是畜牧业大县，肉牛产业是全县的主导产业，也是隆化县脱贫致富的重要产业之一。一是肉牛饲养量居全省第一位。2018 年，隆化县肉牛饲养量达到 48 万头，其中存栏量 25.01 万头，基础母牛数量 14.7 万头。二是肉牛产值比重大。2018 年养牛业产值达 17 亿元以上，占该县畜牧业总产值 61.9%。三是养牛户数及人均收入高。2018 年全县有 1.72 万肉牛养殖户，其中 10 头以上规模养殖户达到 53.6%。农民人均养牛收入达到 4 864 元，占农

民人均纯收入的 60% 以上。四是贫困户覆盖面广。肉牛产业覆盖贫困户 9 923 户，占贫困户数的 60%。

3. 肉牛产业链较健全

隆化县肉牛养殖主要分布在深山区和浅山区两个区域，深山区地理位置相对偏远，主要从事能繁母牛繁育，以农户所种植的玉米粒、玉米秸秆等相关产品为喂养饲料；浅山区交通便捷，临近华北最大的大牲畜交易市场——张三营大牲畜交易市场，主要从事肉牛育肥和销售。2018 年隆化县实施粪污资源化利用整县推进项目，提高了粪污利用效率，降低了对环境的污染，实行了粪污生态还田。由此，隆化县肉牛产业形成了饲料种植—母牛繁育—肉牛育肥—粪污处理与还田—育肥牛销售的较健全产业链。

4. 政策引领带动作用较强

隆化县为保障肉牛产业发展及扶贫工作的开展，发挥农业产业扶持政策的引领带动作用，在资金投入、用地审批、科技保障等方面制定了一系列优惠扶持政策，推动肉牛产业产值增加 6 210 万元。一是资金高效整合利用。县政府将涉农整合资金、金融扶持资金、专项资金及县本级资金合理统筹，对新建舍饲存栏肉牛 50 头以上的养殖小区，圈舍建设上按照 140 元/平方米的标准予以补贴，同时在肉牛品种改良等方面予以支持和保障。2018 年全县新增牛舍 15.2 万平方米，落实补贴资金 2 128 万元。预计 2019 年将有 107 个肉牛养殖基地落实水电等基础设施配套补贴资金 6 074 万元。在全县建立了 114 个村级养牛帮带小区，使贫困户获得稳定的收入。二是科技服务保障到位。以全国畜牧总站定点包保隆化为契机，组建"一个产业＋一批专家"的帮扶机制，依托河北省现代农业产业技术体系肉牛创新团队，创建肉牛产业发展专家组，与贫困村、贫困户做好产业、项目、技术"三个对接"，综合开展技术指导帮扶工作。三是风险防范措施有力。建立肉牛产业"普惠农险"，由隆化县政府和人保财险公司进行联办共保，截止到 2018 年底，保险公司已承保存栏肉牛 12.8 万头（其中成牛 10.2 万头、犊牛 2.6 万头）。为更好地开展"政银企户保"和"险资直投"及涉农整合资金补贴等业务工作的开展，充分发挥财政资金引导和杠杆作用，解决全县产业发展融资难、融资贵、涉农整合资金带频率低等问题，全面做好产业发展风险防控，县政府出台了《隆化县产业发展风险防控专项方案》。

5. 产品市场前景广阔

因牛肉含有高蛋白，低脂肪，味道鲜美，深受消费者喜爱。随着经济发展和居民收入水平的提高，对牛肉消费量持续增加。2017 年全国人均牛肉消费量 5.8 千克，同比增长 2.8%，已经连续七年保持稳步上升的态势，与此同时，牛肉产品价格也一路攀升。隆化县毗邻京津承唐，位于京津冀核心位置，拥有广阔的牛肉消费市场，具有良好的产业发展前景。

（二）隆化肉牛产业扶贫成效评估

1. 政策落实到位，扶贫效益明显

肉牛产业扶贫政策有 232 个，具体实施 232 个，政策落实率 100％。肉牛产业扶贫项目实施 437 个，涉及资金总额 21 410 万元，产生总收益 12 855 万元。2018 年全县共整合扶贫资金 52 276.6 万元，其中用于肉牛产业扶贫投入资金 7 425 万元，占扶贫资金的 14.2％。肉牛产业共带动贫困户 9 923 户（其中未脱贫 3 285 户，已脱贫 6 638 户），占总贫困户的 60％，实现户均年增收 10 500 元，人均年增收 4 864 元。

2. 扶贫模式科学，引领发展方向

隆化县以政府扶持为依托，创新政府推动力、企业拉动力、金融撬动力、科技支撑力、风险抵抗力、贫困群众内生动力的"六力合一"产业扶贫模式，通过交易市场体系、繁育体系、育肥体系、粪污无害化处理体系、品牌营销体系"五大体系"建设，积极打造以隆化为核心的京津冀"百万头肉牛基地"。

3. 带贫模式多样，拓展增收途径

隆化县肉牛产业扶贫摸索出一整套多样化的带贫方式，拓展了贫困户的增收途径。一是贫困户通过政府贴息贷款政策，进入养殖行业，积累养殖收益，扩大养殖规模，年均收入约 1 万元。二是贫困户将自有土地流转给肉牛产业新型经营主体，每年获得土地流转收入，约 1 000 元/亩。肉牛产业新型经营主体收购玉米、秸秆等饲草料，贫困户也可获得一定收益。三是有劳动能力的贫困户应聘至新型经营主体，获取打工收入，约 3 000～3 500 元/月。四是没有劳动能力的贫困户，可以从新型经营主体的各类贴息贷款项目获得固定分红，3 600 元/年。五是养殖贫困户通过政府和新型经营主体提供的养殖技术、疫病防治等培训，提升自身养殖水平，实现养殖收益增加。

4. 扶贫成效突出，可持续性增强

隆化县悠久的养牛历史使得贫困户具有浓厚的养牛情怀。隆化县肉牛产业带贫的多种模式，在提高贫困户收益能力的同时，还使贫困户掌握了一定的母牛繁育技术、肉牛育肥技术、疫病防治技术，为脱贫后的肉牛养殖奠定了资金基础和技术基础。"险资直投＋联办共保"制度，为贫困户提供了全方位保障，实现了零风险养殖。据调查结果显示，贫困户脱贫后的养殖积极性依旧非常高，100％的养殖贫困户表示将继续从事本行业，并对本行业日后的发展充满信心。

（三）隆化肉牛产业扶贫存在问题分析

1. 品牌效应不明显，企业辐射带动能力有待提高

隆化县肉牛养殖历史悠久，被中国特产之乡推荐评审活动组委会授予"中国肉牛之乡"的美誉，在该县企业品牌价值提升工程的带动下，建立了隆先、福泽、北戎等省内外较有影响力的品牌3个，但年产量仅为万吨左右，相对于隆化肉牛饲养量47万头的基数来讲，品牌影响力、营销创新能力和辐射带动能力严重不足。

2. 环保问题日益突出，粪污治理力度需要进一步加大

隆化县林草资源丰富，但生态系统比较脆弱，遭到破坏后很难恢复。禁牧、还林、还草等压力日益增大，肉牛养殖与环境保护的矛盾需要统筹考虑、同步谋划。肉牛养殖粪污排量大，如若不及时处理，不但造成空气污染，而且滋生大量蚊蝇细菌，影响居民生活环境。建设堆肥发酵、大型沼气、有机肥生产等牛粪处理设施投资较大，已成为制约肉牛规模化、标准化养殖的重要因素。

3. 疫病风险仍然潜在，养殖技术有待进一步提升

隆化县设立了动物卫生监督所、动物疫病预防控制中心和10个基层防疫分站，形成了县、乡、村三级防疫网络，工作人员会定期免费进行疫苗注射，降低疾病风险的发生率。但是由于养殖主体技术水平制约和不可控因素影响，养殖主体普遍认为疫病风险是肉牛养殖的首要风险。根据调查问卷统计，50%的新型经营主体和72%的养殖贫困户认为肉牛养殖疾病风险较高，会直接影响养殖收益。

4. 销售渠道单一，产业链末端衔接不够紧密

尽管建立了诸如冀康商贸、北戎生态等规模化肉牛深加工企业，但受利益链条影响，全县肉牛仍以活牛交易为主且多数贩往南方，当地企业面临开工不足，无牛供应的尴尬局面。企业的发展与基地建设不相协调，畜产品生产、深加工的产业链条还没有很好地形成。加工肉牛数量偏少，又反过来造成龙头企业带动能力不强，直接制约当地肉牛产业的进一步发展。

5. 肉牛产业人才匮乏，新生力量不足

一是黄牛改良技术队伍不稳定。全县部分黄改技术员年龄偏大、文化程度低，业务水平参差不齐，加之年轻人不愿干，造成技术人员青黄不接、逐年减少，不能满足养牛产业发展需要。二是养牛群体老龄化现象严重。大多集中在40岁以上，其中50岁以上的占70%左右，养牛新生力量不足。三是养牛群体整体科技素质不高，科学饲养水平滞后，传统方式仍占据养牛生产的一部分比例，粗放经营，机械化水平极低，直接制约了养殖户的经济效益。

6. 贫困户自身条件制约，政策宣传落实困难

部分贫困户年龄偏大、接受产业扶贫政策意识不强，加之部分政策宣传力度不够，导致部分贫困户对相关政策理解不到位，利用效率低。调研数据表明：不了解扶贫政策的贫困户占 58.82%，知晓县域 1 项政策的贫困户占 11.76%，知晓县域 2～3 项政策的贫困户占 23.53%，知晓县域 5 项政策的贫困户占 5.88%。

7. 新型经营主体实力较弱，带贫能力有待提高

隆化县肉牛养殖新型主体处于发展初期，自身产业化经营能力较弱，为享受政府相关优惠扶贫政策，经营主体主要采取了入股分红、雇工和收购牛犊等带贫形式。走访发现大部分贫困户只是知道新型经营主体，但与其没有合作的比例达 56.25%，说明新型经营主体的带贫能力有待加强。

（四）提升隆化肉牛产业扶贫效果的对策建议

1. 完善扶持政策体系，保障扶贫效果持续

一是编制肉牛产业扶贫项目规划，深入谋划肉牛产业发展。依据产业基础和资源禀赋，整合小散养殖农户、科学选址并评估肉牛产业发展难点和切入点，以乡村振兴战略的要求整体规划农村肉牛养殖，促进肉牛产业绿色、可持续发展。二是完善金融保险政策支持。在现有的肉牛养殖保险基础上，探索激发农户参保积极性的保险政策设计。完善并挖掘政银企户保和险资直投的带贫功能。建立金融服务联盟，整合金融资金，加大信贷扶持。三是省级层面优化资产收益制度设计，扶贫项目资产收益分红比率呈梯次增长，降低产业项目风险。

2. 加强产业链衔接，推进产业脱贫攻坚进程

一是促进当地屠宰加工企业向养殖环节延伸，加强与合作社订单养殖模式，密切养殖与屠宰加工环节的联系。二是完善区域营销规划，形成品牌体系。与当地旅游资源并行开发，打造养殖旅游线、参观线路等，拍摄"隆化肉牛"区域公用品牌宣传片，促进推广；奖补企业品牌，带动企业的积极性。三是瞄准市场消费需求，加强科学养殖，在数量、品种、质量等方面满足市场需求，逐步建立可追溯体系，以市场为导向组织生产和流通。

3. 建立产学研结合的科研工作站，增强产业扶贫科技支撑

一是政府牵头设立企业、高校和研发机构结合的常驻研发工作站，科研机构以及企业构建科技创新与服务联盟。解决当地人才紧缺、技术匮乏和研究不足的问题。二是健全品种改良体系，做好西门塔尔、利木赞等主导品种冻精推广计划，防止造成多代杂交退化，同时要做好地域品种的基因保护工作，防止因改良造成地域品种消失。三是高度重视疫病防控，加强常规疾病防治技术推

广。对肺热病等新发现的疫病及时做好处置防治，加强交易市场监管，防止外来疫病的传播。继续做好口蹄疫等常见疫情的免费防疫，做好疫苗来源选择。推广犊牛腹泻、布病以及运输应急并发症等常见病症的防治技术推广。从根本上增强农户养殖信心，解决贫困户的科技服务供给不足问题。

4. 统筹区域繁育和育肥，兼顾产业中长期发展需求

统筹规划肉牛繁育、育肥等的区域分布，宜繁则繁、宜育则育，因地制宜，提高区域主导产业的独立性和稳定性，提高发展能力和潜力。将繁育工作与市场需求和品种改良相结合，破解繁育不赚钱的魔咒，通过发挥合作社、繁育小区等新型经营模式在脱贫带贫示范和乡村振兴中的作用，从思想上改变养殖散户老旧养殖模式，做好禁牧工作，杜绝上山放牧。

5. 培育引进新型经营主体，扩大产业带贫示范作用

一是培育新型经营主体。深化细化肉牛产业分工，加快土地流转，促进标准化和规模化，释放规模化经营在节本增效中的作用。二是建立与贫困户利益共享、风险共担机制。大力推广"规模化企业/合作社＋贫困户"模式，贷款优先向扶贫龙头企业投放。三是奖补新型经营主体，加强其与农户的联系，充分发挥其带动作用。例如优化培训形式，以示范合作社、规模化养殖场作为基地进行现场培训指导，改变农户"听得懂、学得会，用不上"的状态；通过经营主体对农户技术支持的补贴等形式增强联系的紧密性。

四、承德隆化县河南村的肉牛产业扶贫典型经验

隆化县郭家屯镇河南村位于隆化县最西部，与丰宁满族自治县交界，距县城 103 千米，属于深山区，是国家级深度贫困村；全村人口 626 人，户数 209 户；分为 5 个自然村，村与村相距 2～6 千米，行政区域面积 12 平方千米。当地具有养牛的传统生产习惯，基本上家家户户都养牛，养殖数量每户 30～50 头不等，主要是以母牛繁育为主。截至 2018 年底，肉牛存栏量为 1 560 头。近年来，河北省现代农业产业技术体系肉牛创新团队与河北省扶贫办、河北省畜牧局、隆化县畜牧局等部门积极配合，围绕着生态环境改善、肉牛产业可持续发展和肉牛产业精准扶贫开展了大量的生产技术提升、生产组织方式改进等方面的工作。

（一）转变观念，放牧饲养转向舍饲养殖，还绿水青山

2018 年之前，该村夏季是以山场放牧为主，冬季舍饲，饲养管理粗放，山场破坏严重，县政府多次提出禁牧但都未成功。在省驻村干部的要求下，2018 年 5 月 21 日，肉牛创新团队首席专家李树静博士带领肉牛创新团队岗位

专家和站长以及国家肉牛牦牛产业技术体系岗位专家曹玉凤专程来到河南村的老虎沟门、朝路沟门、朝路沟脑养牛小区现场答疑解惑，并对养殖场的疾病防疫、粪污处理、牛舍科学配建和日常饲养管理等方面提出建设性意见。为了配方落实县政府全面在山场禁牧的政策，李秋凤教授3次到河南村进行"全株玉米青贮制作"和"舍饲养殖技术"的现场指导和培训。与此同时，首席依托单位免费为养殖户提供养殖与品种改良等技术培训，同时提供大量的先进生产设备，为舍饲养殖奠定了坚实的基础。

（二）精准扶贫，与科技扶贫干部通力合作打造肉牛产业

高效养殖岗位专家团队与承德市隆化县河南村驻村第一书记王玉洁对接，签署扶贫协议，进行精准扶贫。针对该地区粗饲料质量差、母牛养殖成本高、犊牛成活率低等严重问题，高效养殖岗位团队提出了合理化意见和建议。李秋凤教授先后多次到承德隆化举行肉牛技术培训班，教技术、重实践、出实招，印刷了几千本《肉牛高效饲养技术》和《肉牛粗饲料利用技术》简明读本发放到养殖户手中，再加上通俗易懂的面对面讲解与答疑，从根本上解决了长期以来肉牛圈养技术落后的问题。20日，产业体系创新团队首席专家李树静博士与省政协扶贫工作组驻河北省承德市隆化县深度贫困村郭家屯镇河南村第一书记王玉洁书记对接，积极落实隆化县肉牛产业精准技术帮扶内容。

（三）科技引领，搬开养殖户脱贫路上的"绊脚石"

1. 以品种改良、疫病防治帮扶为突破口，提供良种繁育的技术保障

首席依托单位为此做了大量的工作。一是免费提供食宿的帮助，为河南村选派的养牛技术能手进行肉牛人工授精及母牛繁殖障碍防治技术培训，培训结束后由首席办公室负责将技术人员和捐赠的3台铡草机送回村；二是持续选派团队内业务精干、实战经验丰富的岗位专家到河南村养牛现场，手把手进行青贮制作、疫病防控技术传授和培训；三是针对当前河南村的基础母牛品种差、生产性能低的现状，积极联系繁殖母牛规模场，引导养殖户淘汰较差母牛置换优秀母牛；四是积极协调种公牛站，引导养殖户使用优质冻精进行繁殖改良；五是提高肉牛生产性能，实现肉牛养殖提质增效，增加养殖户经济收入。粗饲料储备和技术支持使得河南村实现了从禁牧到舍饲养殖的平稳过渡，避免了缺乏粗饲料大批量贱卖繁殖母牛而返贫现象的发生。

2. 多节点、多环节的技术指导与培训，提升肉牛养殖技术水平

2018年，肉牛创新团队高效岗位专家李秋凤教授团队多次到承德隆化县河南村，开展肉牛能繁母牛母子一体化养殖技术培训和现场指导，从犊牛饲养、育成牛培育、能繁母牛配方调制和管理技术等进行全方位技术指导。同

时，到隆化地区肉牛育肥养殖场进行调研，从青贮饲料制作、育肥技术到粪污处理等多环节、多节点对肉牛养殖企业和养殖户进行指导，根据当地的生产资源情况，指导养殖单位探索了"牛粪—种植食用菌—有机肥—种植""牛粪—有机肥—种植""牛粪发酵还田""沼气利用"等多种适合大型育肥场和家庭牧场肉牛的生态循环养殖模式。

（四）抓龙头，带动周边养殖户脱贫致富

隆化县虽然是河北省肉牛养殖大县，但屠宰加工是薄弱环节，造成育肥牛外卖，全县没有肉牛知名品牌。创新团队岗位专家李秋凤从 2018 年开始指导隆化北戎生态农业有限公司对和牛进行高效养殖，包括饲料配方和饲养管理，其生产的牛肉经专家达到 A4 标准，使北戎牛肉顺利进入北京市场。为了让养殖户充分利用当地的谷草资源，配合国家体系岗位专家曹玉凤 2016 年在北戎生态农业有限公司开展"谷草＋黄贮"育肥试验，通过试验示范谷草由过去的无人用，到现在的抢手货，不仅拓宽了肉牛饲料资源，也增加了谷子种植收入。另外通过其合作社为周边养殖户定期或不定期进行技术培训，仅 2018 年8 月到 11 月间和北戎生态农业有限公司一起，为唐三营镇的养殖户进行系统培训 2 次，每次 2 天时间。通过以龙头企业为核心的技术指导与培训，提高了周边地区养殖技术水平。

（五）强组织，提升肉牛养殖的整体实力

结合河南村实际，根据《农民合作社法》规定，创新团队帮助申请成立了河南村第一家肉牛养殖合作社——隆化县昆鹏肉牛养殖农民专业合作社。合作社围绕着技术培训、改良品种、科学育牛、防病防疫、粪便无害化处理等技术问题以及合作社管理、营销管理、资金管理、社会服务等领域开展工作。创新团队技术岗位专家负责合作社肉牛养殖的各项技术指导与培训工作，经济岗位专家赵慧峰教授团队就合作社管理、市场营销、合作社与社会医疗及其他生活服务链接等方面进行指导帮助。2018 年 5 月，隆化肉牛养殖技术培训班，赵慧峰教授做了"河北省肉牛养殖现状"的报告，帮助养殖户了解国家肉牛产业发展政策和产业整体发展形势、发展能力以及养殖模式改进提升的必要性；8月，经济岗团队成员王秀芳教授为北戎集团组织的肉牛养殖户培训讲解了农民专业合作社管理、合作社功能、资金合作等方面的知识，讨论了如何加强肉牛专业合作社的管理以及更好地发挥其作用等问题。

（六）重合作，推动河南村肉牛养殖业步入高质量发展轨道

河南村作为国家级的深度贫困村，一直受到国家扶贫部门的高度重视。

2017 年，在牧养向舍饲养殖转变的过程中，当地政府为村中的牛舍改造投入了大量的扶贫补贴资金。为了鼓励养殖户牛舍改造，政府给予每平方米 140 元的扶贫补贴款（要求牛舍面积在 240 平方米以上，至少能够满足 30 头牛的舍饲需求），具体测算发现，在牛舍改造中养殖户自筹资金仅占全部投资的四分之一。在牛舍改造扶贫项目的推动之下，村中的牛舍全部得到改造提升，大大提升了牛舍性能，养殖环境也得到改善。与此同时，2018 年，国际小母牛项目进入河南村。项目建设内容是"改良小母牛品种"，项目期 5 年，分三期完成。其中第一期参与养殖户 30 多户。项目要求：一是一年半以后首期参与者将 8 000 元补贴款传递给第二期参与的养殖户，二是小母牛养殖品种必须是西门塔尔、夏洛莱等适合当地养殖的优良品种。对于长期从事养牛的农户而言，小母牛项目是一项成本低、高成长、高收益的投资项目，所以项目得到了当地养牛户的积极响应。实践证明，扶贫项目下的舍饲改造改善了肉牛养殖环境和养殖方式，国际小母牛项目提升了肉牛养殖品质，再加上河北省肉牛体系创新团队的技术指导与培训、设备帮扶与管理能力训练等，多方努力合作产生了叠加效应，推动着河南村的母牛繁育和肉牛养殖逐渐步入了高质量发展轨道。

专题九：关于新冠病毒疫情对河北省肉牛产业影响的调查报告

为了更准确掌握新冠疫情对河北省肉牛产业影响，河北省肉牛产业创新技术体系各位专家站长对自己所负责的地区进行了电话调研，共调查了全省共62家大中小型肉牛养殖场和屠宰加工企业，其中石家庄5家、唐山10家、定州9家、邯郸7家、秦皇岛5家、衡水5家、沧州5家、廊坊5家、张家口4家、保定4家、承德3家。调查对象中，千头以上的规模场2家。调研内容主要涉及疫情发生以来对肉牛养殖场的生产影响，如饲料调运、产品销售、生产管理、牛病防控，预计面临的困难等。

一、疫情对河北省肉牛产业影响的调查结果

（一）疫情导致饲料供给受到不同程度的紧缺

1. 肉牛场面临的饲料供应困难随着时间延长在加大

调查结果发现，肉牛场的饲料供应受到较大影响。14.51％的肉牛场目前就有困难，主要是存栏500头以上的规模场；11.29％的肉牛场正月十五之后有困难，29.03％的肉牛场2月23日（农历二月初一）以后有困难，33.87％的肉牛场在未来两个月后有困难。11.29％的肉牛场未受太大影响，这些都是规模较小的肉牛场。

调查显示，为应对春节，大部分肉牛场都有足够的饲料库存，基本可以满足一个月左右饲喂量，青贮饲料没有问题，但其他饲草料储存量有限。由此可以推测，2月23日后将有1/3的肉牛场遇到饲料供应困难，未来两个月即4月7日后，将会有2/3的肉牛场遇到饲料供应困难。

进一步分析肉牛场面临饲料困难的主要原因是：45.16％的人认为是断路造成的，27.42％认为即使不断路也没地方买到饲料，11.29％认为饲料价格过高。具体购买困难的饲料主要是豆粕、精料和小苏打，个别的牛场缺乏干草、玉米秸秆。

2. 肉牛场应对饲料饲草不足的解决对策预期

被调查肉牛养殖场的应对策略为，19.35％的肉牛场选择主动淘汰一些病

弱牛，54.84％选择调整饲料配方，14.51％选择卖牛，11.30％继续养殖现有的牛，减少饲料用量维持基本生理需要。

（二）肉牛场进出牛受阻

被调查的肉牛场都遇到了购买牛犊的困难，表现为，16.13％没有地方买到牛犊、12.90％牛犊涨价、40.32％因道路封锁无法出去购买、46.77％没有车愿意运输。

肉牛出栏同样受到了影响，62.90％认为没有人来买牛了；22.58％认为刚过完年一般不会出栏，所以影响不大；道路受阻和屠宰场停工不是阻碍出栏的主要原因。

（三）疫情对牛肉加工和产品销售的影响

受到运输受阻和人员隔离的影响，全省只有4家屠宰场开工，分别在衡水、唐山和承德；其中只有2家有库存牛肉。受新冠肺炎疫情和年前采购充足两个因素的共同影响，牛肉销售现在处于低迷状态。

（四）管理人员供给不足，基本劳保难度加大

调查结果显示，43.55％肉牛场面临招工荒，30.65％不得不提高人员工资。养殖、加工、运输、销售等各环节均有大量的工人因疫病防控无法正常返程，部分成功返程者也处在自我隔离状态，两周内不能返岗。此外，目前一次性口罩、乳胶手套和防护服等肉牛场、加工场必需劳保用品基本断供，一线工作人员的个人防护工作难度增加。

（五）不同规模牛场受影响程度不同

1. 规模越大饲草饲料存量越少、困难越大

饲草饲料情况见表9-1和图9-1。随着规模增大困难越来越大，100头以下的肉牛场基本没有困难，有的500头以下的肉牛场因为有自有牧场而饲料充足，但1 000头以上的大型牛场饲草饲料储存不足。过了正月三分之二的牛场有困难，两个月后所有的牛场都存在困难。

表9-1　不同规模肉牛场饲料困难情况

单位：%

牛场规模	A现在就有困难	B正月十五之后有困难	C 2月23日（二月初一）以后有困难	D在未来两个月有困难	E无影响
50头以下	0	0	50	50	

（续）

牛场规模	A 现在就有困难	B 正月十五之后有困难	C 2 月 23 日（二月初一）以后有困难	D 在未来两个月有困难	E 无影响
51～100 头	0	16.66	16.66	66.66	
101～500 头	6.89	20.68	27.58	37.93	3.44
501～1 000 头	11.11	11.11	33.33	33.33	
1 000 头以上	25	37.5	25	12.5	
合计	43	85.95	152.57	200.42	

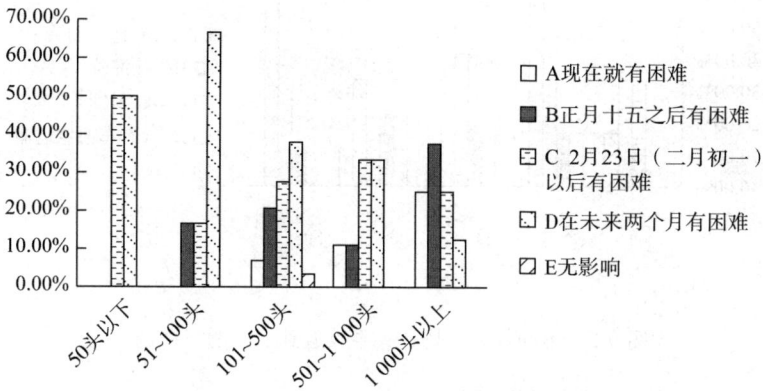

图 9-1　不同规模牛场饲料困难情况

数据来源：课题组调研。

2. 购买牛犊遇到困难

表 9-2 和图 9-2 显示，购买牛犊遇到的困难依次是没有车愿意运输、道路封锁无法出去购买、牛犊涨价和没有地方购买。100 头到 1 000 头规模的肉牛场想买牛犊的意愿强烈，但无法买到牛，大型肉牛场和 50 头以下的家庭牛场不存在这一问题。没有车愿意运输、道路封锁无法出去购买是所有肉牛场遇到的共同问题。

表 9-2　不同规模牛场购买牛犊遇到的问题（多选）

单位：%

牛场规模	A 没有地方购买	B 牛犊涨价	C 道路封锁	D 没有车愿意运输	E 自填
50 头以下	0	0	33.33	33.33	16.66
51～100 头	16.66	16.66	33.33	66.66	
101～500 头	20.68	20.68	41.37	34.48	6.89

（续）

牛场规模	A 没有地方购买	B 牛犊涨价	C 道路封锁	D 没有车愿意运输	E 自填
501～1 000 头	33.33	22.22	11.11	33.33	11.11
1 000 头以上	0	12.5	37.5	67.5	
合计	70.67	72.06	156.64	235.3	34.66

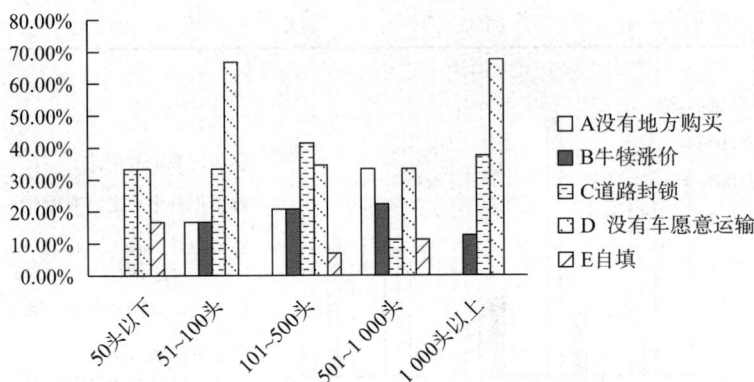

图 9-2　不同规模牛场购买牛犊遇到的问题（多选）

3. 75%牛场肉牛出栏受到影响

表 9-3 和图 9-3 显示，25%的牛场因年前该出栏的已经出栏，过完年不出栏。75%的牛场在或多或少遇到了出栏问题，无法出栏的原因是没有人来买牛和屠宰场停工。500～1 000 头的肉牛场出栏愿望最强烈，1 000 头以上的肉牛场反而只有 1/3 有出栏的愿望。

表 9-3　不同规模牛场肉牛出栏遇到的问题（多选）

单位：%

牛场规模	A 没有人来买牛	B 刚过完年不出栏	C 屠宰场停工	D 其他
50 头以下	50	50	0	0
51～100 头	50	50	33.33	0
101～500 头	62.06	34.48	10.34	0
501～1 000 头	77.77	22.22	0	11.11
1 000 头以上	37.50	25.00	25.00	0
合计	277.33	181.70	68.67	11.11

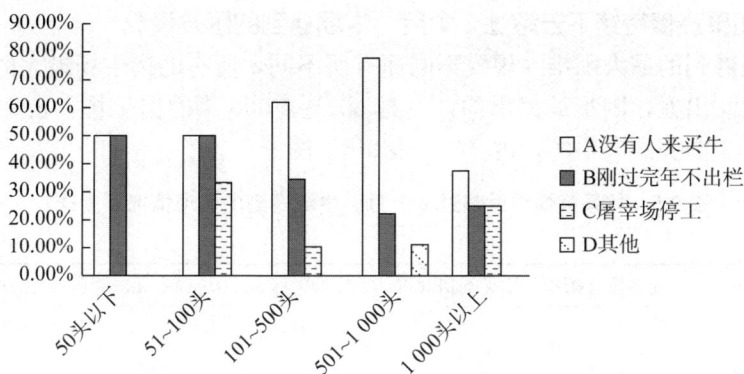

图 9-3　不同规模牛场肉牛出栏遇到的问题（多选）

4. 疫情对肉牛场生产的影响程度

受疫情影响严重的只有 1 个 3 000 头的肉牛场，饲料储备不够充分。77.77% 的 501～1 000 头的肉牛场受影响较大，有 2/3 的 101～500 头肉牛场受影响较大，50% 的 51～100 头肉牛场受影响较大，50 头以下的肉牛场则有 2/3 影响较小。整体来讲，一半影响较大，一半影响较小，总体保持稳定（表 9-4、图 9-4）。

表 9-4　疫情对不同规模牛场的影响程度

单位：%

牛场规模	A 影响严重	B 影响很大	C 影响较大	D 影响较小	E 没有明显影响
50 头以下	0	0	33.33	66.67	0
51～100 头	0	0	50	50	0
101～500 头	0	0	67.96	26.58	5.46
501～1 000 头	0	0	77.77	11.11	11.12
1 000 头以上	12.5	0	20	62.5	5
合计	12.5	0	229.06	216.86	16.58

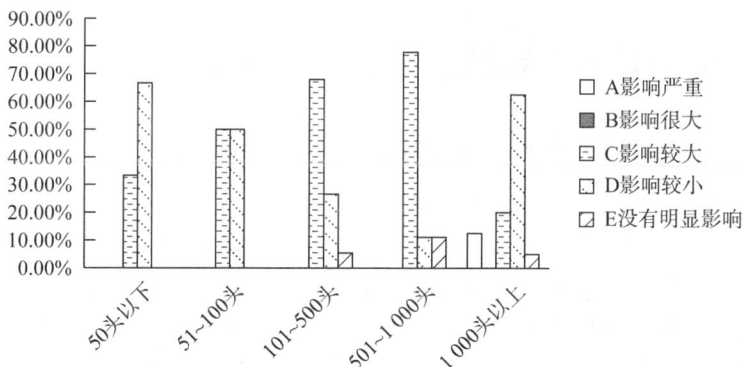

图 9-4　疫情对不同规模牛场的影响程度

5. 如果疫情持续下去超过2个月，牛场遇到的困难情况

牛场遇到的最大困难因规模不同而有所不同，所有的肉牛场最大的困难都是肉牛无法出栏，困难最突出的：一是501～1 000头的肉牛场，占77.77%，二是51～100头的肉牛场，占2/3（表9-5、图9-5）。

表9-5　如果疫情持续超过2个月，牛场遇到的困难情况（多选）

单位：%

牛场规模	A流动资金短缺	B买不到饲料	C饲料涨价	D肉牛无法销售	E无法购进牛犊
50头以下	0	33.33	0	50	16.66
51～100头	16.66	33.33	33.33	66.66	0
101～500头	37.93	37.93	20.68	51.72	20.68
501～1 000头	22.22	33.33	22.22	77.77	33.33
1 000头以上	12.50	50.00	12.50	50.00	37.50
合计	89.31	154.59	88.73	246.15	108.17

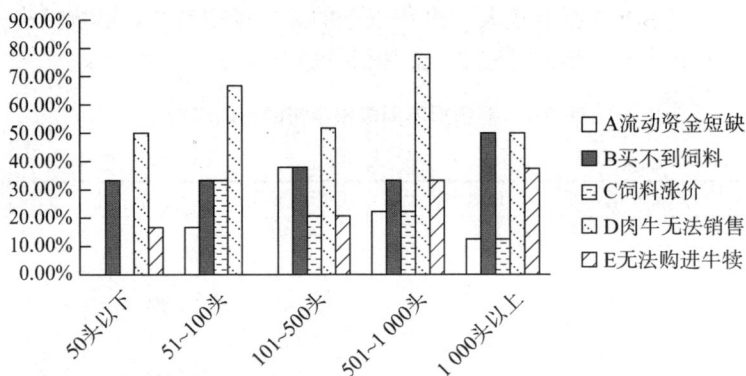

图9-5　如果疫情持续超过2个月，牛场遇到的困难情况（多选）

二、疫情对肉牛场的总体影响程度判断

（一）疫情对肉牛场的影响程度及发展趋势

调查显示，只有1家千头存栏的规模场面临严重困难，可能面临倒闭的危险，占1.61%；45.16%的肉牛场影响较大，导致出现部分困难，经营勉强维持；41.93%的肉牛场影响较小，出现一些短期困难，但总体保持稳定；4.84%的肉牛场没有明显影响，都是规模较小的肉牛场；还有一些自己有草料场的肉牛场几乎不受影响。由此可见，目前53.23%的肉牛场受疫情影响较小，总体情况比较稳定。

但是，如果疫情持续超过 2 个月，肉牛场将会遇到较大困难。一是该出栏的肥牛无法出栏。56.45％的肉牛场会出现此问题，加之无法购进牛犊，扩大养殖规模受影响，2020 年经济效益肯定受影响。二是饲料短缺问题将影响生产。32.26％的肉牛场会买不到饲料，小规模的肉牛场问题不大，养殖量在 500 头以上的大户比较困难，如果没有办法解决饲料问题，只能减少饲喂量维持牛只生存。三是资金短缺影响企业可持续发展。20.96％的牛场会遇到流动资金短缺，规模越大资金缺口越大。四是无法购进牛犊。五是防疫和疾病困难。马上就到春季了，防疫成问题，药品不好进购，牛只疾病比较难治愈，排泄物运输不出去。总之，如果疫情持续时间超过两个月，肉牛场会面临大牛不能出栏、小牛进不来、牛饲料缺乏和疫病的四重压力，资金回不来，肉牛场的流动资金就会发生短缺，进而无钱购买饲料，陷入难以维持经营的恶性循环。

（二）中美贸易协议签订进一步加剧肉牛产业生存压力

2020 年 1 月 15 日，中美双方在美国华盛顿签署《中华人民共和国政府和美利坚合众国政府经济贸易协议》。协议约定未来两年内，每年至少购买 400 亿美元的美国农产品和相关产品。2017 年 6 月，中国只允许进口美国不含激素的可单独追踪的牛只。因此美国可以满足中国进口的牛只数量只占到美国整体肉牛产量的 2％～5％。同时，由于标准较高，属于特殊牛标准，造成生产、加工以及市场销售的价格居高不下，并未达到市场对于美国牛肉成本优势的预期。此次协议中包括：新增部分牛下水，取消 "30 个月以下的牛龄限制"，认可美国牛肉和牛肉产品的可追溯体系，中国应对进口牛肉中玉米赤霉醇、群勃龙醋酸酯和醋酸美伦黄体酮采用最大残留限量，双方应于本协议生效之日起 1 个月内启动技术磋商讨论准备美国种牛输入中国出口卫生证书和议定书以及瘦肉精开放等。这些针对牛肉及活牛进口标准的描述，将大大扩展中国进口美国牛肉的范围，同时进一步降低养殖过程中的成本，使得美国大宗牛和牛肉可以直接出口至中国市场，可以预想的结果是数量的攀升和价格的回调。尽管放开美国大豆进口在一定程度上会降低肉牛养殖成本，但总体上看来，中美签订的这一协议在当前疫情下对肉牛产业发展无异于雪上加霜。目前由于中美贸易协议刚刚签订，加上疫情期间美国的贸易管控措施，因此进口美国肉牛和牛肉给河北肉牛产业带来的压力不会在近期立刻显现。当疫情得到有效控制后，肉牛产业会进入补偿性发展阶段。美国牛肉进入中国市场、国内现有未出栏肉牛集中屠宰，预计牛肉价格不会过快增长甚至会短期降价，这时，中美贸易协议给河北肉牛产业发展的影响会逐步显现出来，这种不确定性甚至负面影响需要警惕。

三、河北省应对疫情的政策建议

（一）在搞好疫情防控的基础上保证流通畅通是当务之急

以 2020 年 1 月 30 日生效的《关于确保"菜篮子"产品和农业生产资料正常流通秩序的紧急通知》（农牧办〔2020〕7 号）为依托，与当地疫情防控指挥部与交通运输部门有效沟通，提前报备饲料、兽药、疫苗和生产物质的购买计划和购买途径，保障饲料供应。对活牛、饲料、兽药等原料跨地域、跨地区运输车辆进行"绿色通道"管理制度，设定允许运输的名目、范围，车辆安装卫星定位系统，实行大数据平台实时监控，确保车辆安全通行。

（二）组织好饲草饲料替代品的使用和供应

为了应对豆粕的供应短缺，要组织好其替代品的供应。豆粕的替代品有棉籽饼、菜籽饼、豆饼、油糠饼、玉米胚芽饼等，也可以用菌体蛋白粉、鱼粉、虫粉、蚂蚱粉等动物蛋白饲料代替。

（三）通过严格人员防疫，严防动物疫情爆发

一是坚决实施来往人员的疫情防控，防止肉牛场人员传染给牛造成牛感染新冠肺炎疫情，加强消毒，加强防疫，防止人畜共患病发生。二是做好春季传染病的防疫，尤其是口蹄疫疫苗的接种。三是加强各项生物安全措施，防止动物疫情爆发，这些措施包括：人员进入消毒和登记，牛舍消毒，环境消毒，患病动物的隔离和污染场所的随时消毒，死亡动物的无害化处理，运输工具消毒尤其是运输病畜的工具的消毒。屠宰加工场也要加强消毒与检疫，保障食品安全，杜绝人兽患病发生。

（四）在搞好疫情防控的基础上屠宰场尽快复工

在疫情得到有效控制后，尽快出台保障畜牧养殖业正常经营的政策，促进养殖企业、屠宰加工企业、饲料、兽药、疫苗等生产企业尽快恢复生产，保障对养殖企业生产资料的供应，以及畜禽产品稳定的市场供给。对达到出栏标准的育肥活牛，允许跨省运输、允许屠宰加工，缓解养殖企业资金周转的难题，同时防止私屠乱宰现象发生。

（五）尽快出台财政金融支持政策

针对大型肉牛场遇到的资金短缺问题，可以考虑尽快出台"减轻疫情影响的畜牧企业金融扶持政策"，一方面，利用好中央下拨的财政资金，补贴或奖

励受疫情影响严重的肉牛养殖场和养殖户，用于支持灾后生产恢复，同时给予肉类加工企业更多税收优惠待遇，提升肉牛屠宰加工能力，保证市场产品供应。另一方面，建议银行及金融部门谋划金融和保险创新产品，对具有一定规模的肉牛养殖企业实行增加信用贷款量、降低贷款利率、延展贷款还款期限、增加贷款利息补贴等方式，以降低企业信贷融资成本，满足企业流动资金需求。同时，扩大推进肉牛养殖保险补贴政策，确保散养户和小型牛场不倒闭。

（六）建立河北省肉牛产业互联网平台

本次疫情已经催生了各种线上平台的发展，消费者购买产品已经从线下超市、零售市场等转移到了线上，屠宰加工企业应紧紧盯住家庭消费这一大市场，发展电子商务和微信群销售，打造企业服务品牌。同时，河北省应以此为机遇，启动建立"电商交易＋大数据运用＋供应链金融服务"肉牛产业互联网平台，肉牛养殖场、屠宰场、牛肉加工厂、牛肉营销商经认证之后都可上网营销。该平台会形成以下优势：首先实现了产品来源可追溯，消费者买着放心、吃着安心。其次交易安全得到保障，实现肉牛到牛肉线上与线下交易结合，实现活牛、牛肉产品的线上交易，从而实现以点到面的消费扶贫和产业扶贫。再次有利于培育河北省牛肉品牌，线上平台对线上相关经营主体的发展也具有监督和促进作用。最后有利于为平台用户提供供应链金融服务，进入平台的肉牛产业各环节的经营主体可以通过平台进行担保交易，根据交易情况获得信誉，积累一定交易数据后可获得银行等金融机构的在线融资服务。

专题十：美国牛肉进口对河北省肉牛产业的影响

牛肉贸易是中美两国农业产品合作的重要领域。中国在 2001 年加入 WTO 后，美国曾是中国牛肉最大进口国，在 2003—2017 年，由于食品安全问题曾一度关闭了对美国牛肉产品进口。但随着中美贸易争端升级，中美两国就牛肉进口条件进行了谈判，最终在 2020 年 1 月 15 日签订中美经贸协议，有条件地放开对美国牛肉产品进口。本专题在对中美牛肉贸易政策进行梳理的基础上，分析了中美经贸新协定对河北省肉牛产业的影响，进而提出了在中美贸易摩擦不确定性增大情况下河北省肉牛产业发展的对策。

一、中美牛肉贸易政策变迁

（一）中美牛肉贸易政策变迁历程

自 1979 年中美正式建交起来，中美贸易关系在美国历任总统尼克松、布什、奥巴马、特朗普等不同对华态度下，历经了解冻、合作与发展的蜜月期（1979—1989 年）、进一步发展期（1990—2000 年）、接触与遏制并存（2001—2008 年）及对华全面遏制、贸易保护主义抬头（2008 年至今）等阶段。

美国是全球牛肉产量、消费量、进口量第一，出口量第四的国家，牛肉产品作为美国主要的出口农产品，伴随中美贸易关系发展及外部环境变化，中美牛肉产品贸易政策也经历了扩大交易额、降低关税、禁止进口、有条件放开、增加关税等阶段。具体演变过程如表 10-1 所示。

表 10-1　中美牛肉贸易政策演变

时间	政策背景	政策	政策内容
1979.7	中美建交	中美贸易关系协定	对来自或输出至对方的产品享受最惠国待遇，自 1980 年 2 月 1 日实施，中美贸易正常化
1999.4	入世前夕	中美双边贸易协定	牛肉产品关税由 30%～40%降至 10%～12%

（续）

时间	政策背景	政策	政策内容
2004.1	疯牛病产生	中国颁布美国牛肉进口禁令	禁止直接或间接进口牛、牛胚胎、牛精液、牛肉制品（包括牛内脏）及其制品、反刍动物源性饲料
2017.6	美国多次提交放开牛肉进口的申请	美国牛肉和牛肉产品输华议定书	允许进口30月龄以下剔骨和带骨牛肉；输华牛肉肉类企业应获得我国认证监督委员会注册，保证可追溯（6月20日实施）；不得检出中国法律法规禁止的非天然产生的兽药、促生长剂、饲料添加剂和其他化合物
2018.4	中美贸易战升级	关于对原产于美国的部分进口商品提高加征关税税率的公告	加征牛肉关税25%（2019年6月1日开始实施）
2020.1	中美贸易摩擦频繁	中美经贸第一阶段协定	放开牛龄限制

（二）中美新贸易协定牛肉贸易条款变化

2020年1月15日，中美经济贸易协定签订，标志着中美两国在食品和农产品贸易将开创新局面。其中较受关注的是美对输华牛肉的安全性约定。

1. 取消对美国牛肉及牛肉产品中牛龄要求

与2017年签订的《美国牛肉和牛肉产品输华议定书》（简称为"议定书"，下同）相比，较显著的变化是放开"进口牛龄为30月龄以下"限制。相关风险评估显示牛龄不会对牛肉的安全性造成影响，进而在协定中不再进行牛龄限制。取消牛龄限制，使我国可进口美国牛肉数量增加。从进口产品品质上看，本次解除相关禁令可以使我国进口美国牛肉及牛肉产品品质由高品质向低品质冷冻牛肉放开。

2. 我国应基于美国牛类疫病风险可忽略国家地位制定进口要求

协议内容中针对美国牛类疫病风险问题，以世界动物卫生组织（OIE）的疫病风险可忽略国家分类地位为准，中国不得对美国牛肉进口施加与该疫病相关的新进口限制或要求。目前，OIE官方疯牛病风险状况，美国属于风险可忽略国家，可以认为美国国内对疯牛病控制是有效的。但风险状态处于动态和及时的评估中，因此协议进一步理解为，如果美国风险可忽略国家地位发生变化，我国应根据《世界动物卫生组织陆生动物卫生法典》（2018年版）第11.4章11.4.11条或任何后续条款，实施美国牛肉的进口管理规定。

3. 进口牛肉中玉米赤霉醇、群勃龙醋酸酯和醋酸美伦黄体酮采用最大残留限量

2017年《议定书》中在对进口美国牛肉的安全指标控制方面，在中国口岸入境时，不得检出中国法律法规禁止的非天然产生的兽药、促生长剂、饲料添加剂和其他化合物，包括莱克多巴胺。低于或等于本底水平的内源性激素不在禁止之列。此次协议中，明确对进口牛肉中的玉米赤霉醇、群勃龙醋酸酯和醋酸美伦黄体酮采用《国际食品法典》最大残留限量。我国应基于国际食品法典残留限量要求进行进口控制，与农业农村部对国内牛肉类产品的控制存在区别，也即协议执行之后，进口牛肉的兽药残留量增加，但符合国际标准（表10-2）。

表10-2　国际食品法典与我国对进口牛肉中兽药规定区别

单位：微克/千克

序号	兽药名称	国际规定		中国规定		
		食品类别	限量要求	原有规定	现有规定	
				农业部235号公告（2002.12）	农业农村部250号公告（2019.12）	新协议（2020.1）
1	玉米赤霉（Zeranal）	肝脏	10	禁止使用，在动物性食品中不得检出	禁止使用	采用国际食品法典委员会的最大残留限量
		肌肉	2			
2	醋酸美伦孕（Melengestrol Acetate）	脂肪	18			
		肾脏	2			
		肝脏	10			
		肌肉	1			
3	群勃龙醋酸酯（Trebolone Acetate）	肝脏	10			
		肝肉	2			

资料来源：《国际食品法典》、农业农村部官方网站。

二、政策变迁下进口美国牛肉及相关产品变化情况

（一）牛肉产品进口变化情况

自中国与美国1979年恢复贸易关系以来，牛肉进口种类主要为鲜和冷冻牛肉产品，主要进口产品主要有整头及半头鲜、冷牛肉（02011000），鲜、冷的带骨牛肉（02012000），鲜、冷的去骨牛肉（02013000），冻的整头及半头牛肉（02021000），冻的去骨牛肉（02023000），冻的带骨牛肉（02022000）等。

1. 进口一直以冷冻牛肉为主

从中国进口世界的牛肉进口结构变化来看，中国进口主要以冻牛肉为主，

冻牛肉的进口比例总最低比值为 3.45，也即冻牛肉进口量为冷、鲜牛肉的 3.45 倍；最高年份出现在 2017 年，冻牛肉的进口量为冷、鲜羊肉的 104.98 倍。

从自美国进口牛肉结构来看，冷冻肉与冷鲜肉进口量比值均大于 1。从图 10-1 可以得出，1999—2001 年，自美国进口冷冻肉占中国冷冻肉总量比值处于高位区间。比值最高的为 1999 年，比值为 138.77 倍。此时冷冻肉为 142.39 万吨，冷鲜肉仅为 0.25 万吨。2015 年恢复进口美国牛肉后，依然以冷冻肉为主。

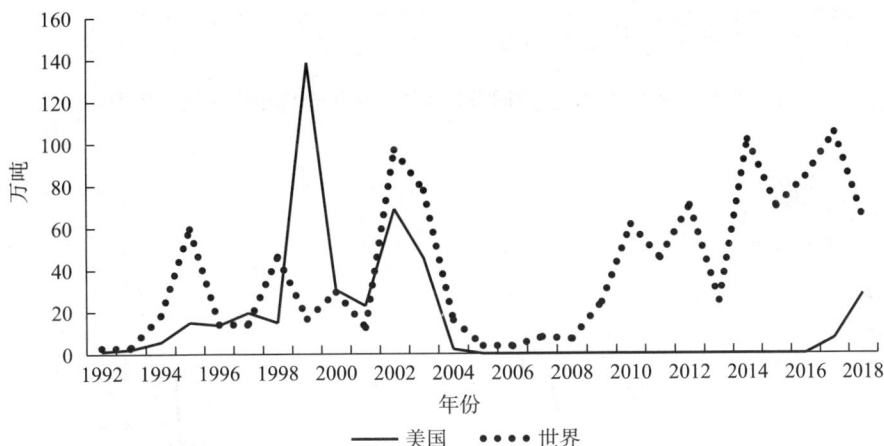

图 10-1　1992—2018 年中国进口美国与世界冷冻肉与冷鲜肉数量比值图
数据来源：UNcomtrade 数据库，经计算所得，下同。

从河北省进口的牛肉结构来看，2019 年河北省牛肉主要进口国家为新西兰、澳大利亚等国，进口也主要为冻牛肉。受冷链运输、物流费用影响，中美经贸协定签订对河北省进口牛肉的结构不会造成影响，对以生产冷、鲜牛肉为主的河北省肉牛产业的产品结构影响较小。

2. 进口数量由上升转入下降

从自美进口牛肉占中国总进口量来看，如图 10-2 所示，2003 年以前，美国是中国牛肉最主要的进口国之一，进口依赖度高。2002 年，美国牛肉数量占比在中国进口牛肉中占比达到 76.45%，曾是我国最主要的牛肉进口国。

从自美进口牛肉量变化趋势来看，如图 10-3 所示，美国疯牛病的发生造成除 2004—2014 年无进口量外，冷冻肉进口一直呈现增长趋势。自 1992—2003 年，冷冻肉年增长 28.36%，2015 年恢复进口以来，冷冻肉从 0.08 万吨增长到 2018 年的 667.94 万吨，增长迅速；冷鲜肉进口量除 2001 年外增长缓慢，2018 年较 2017 年下降 11.87％。

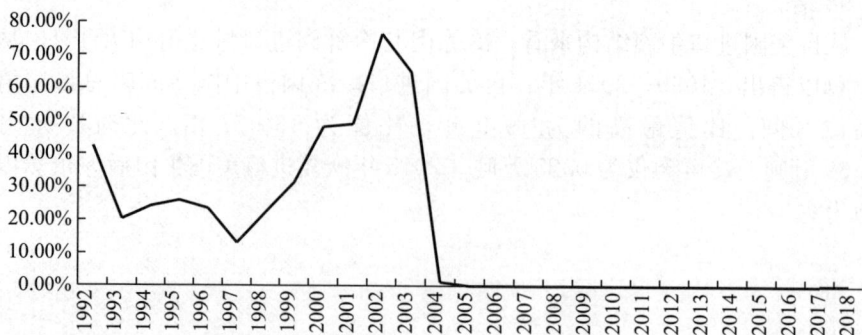

图 10-2　1992—2018 年中国进口美国牛肉占全部牛肉比例变化图

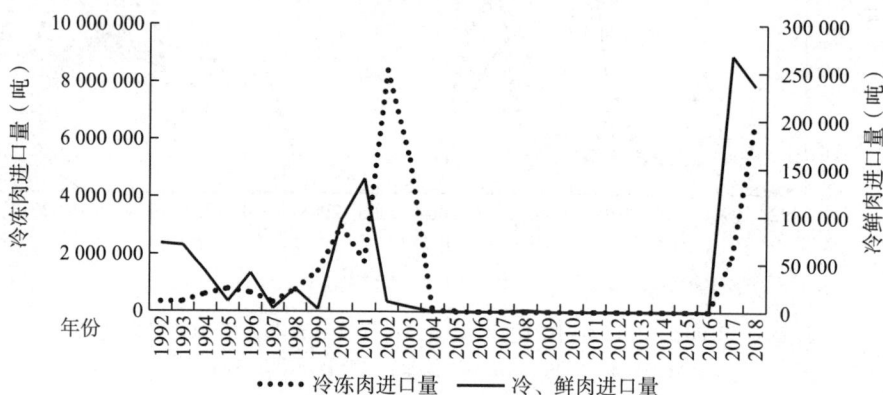

图 10-3　1992—2018 年中国进口美国牛肉数量图

由于河北省进口地理位置优越，具有从澳大利亚、新西兰进口牛肉的优势。河北省 2019 年进口牛肉量呈现增长势头。以去骨冷鲜牛肉为例，2019 年冷鲜牛肉进口量 64.9 万千克，较 2018 年增加 1.03 倍。

2020 年中美经济贸易协议签订，关于牛肉进口牛龄、兽药残留等放开，预计将导致牛肉进口量进一步增加。在当前河北省牛源供求偏紧格局短期内难以实质性缓解，进口牛肉增加对河北省牛肉生产将起到互补作用。

3. 美国冷冻去骨牛肉价格具有价格优势

将中国进口世界与进口美国冷冻去骨牛肉均价进行对比得知（图 10-4），2003 年以前，进口美国冷冻牛肉靠价格的优势使其成为我国最主要牛肉进口国；2015 年，中国对美国有条件放开牛肉进口，使得进口牛肉为高品质牛肉，也使得 2015—2018 年进口美国冷冻牛肉价格高于我国进口平均价格。

（美元/千克）

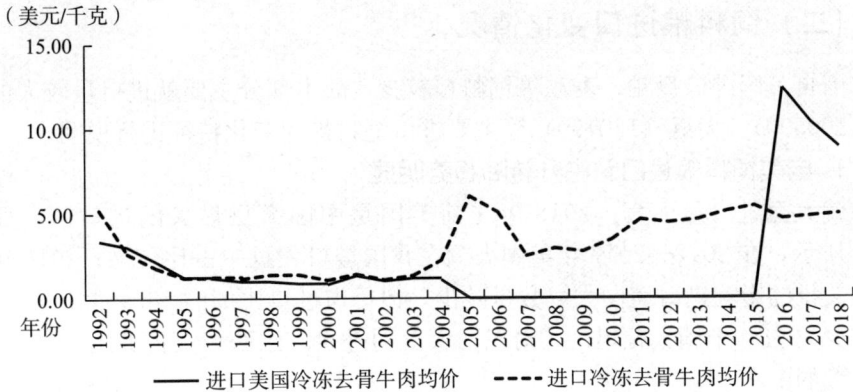

图 10-4　1992—2018 年中国进口美国与世界冷冻去骨牛肉均价对比

将中国进口世界与进口美国冷鲜去骨牛肉均价进行对比得知，进口美国冷鲜去骨牛肉价格优势并不明显，仅在 1993 年、1994 年、1996 年、2000 年、2008 年价格优势明显，其他年份均高于进口均价。以上说明，美国冷鲜去骨牛肉能够出口到中国主要依靠产品品质的优势（图 10-5）。

（美元/千克）

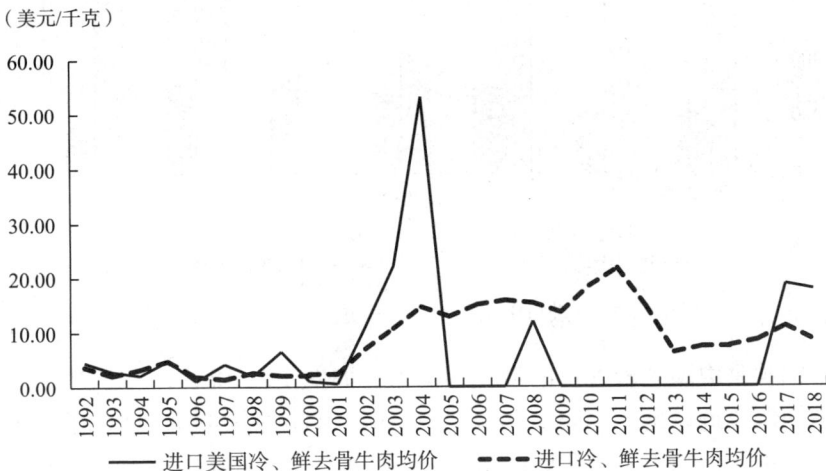

图 10-5　1992—2018 年我国进口美国与世界冷鲜去骨牛肉均价比较

河北省牛肉进口以新西兰、澳大利亚为主，冷冻肉以新西兰、澳大利亚、巴西、乌拉圭等国为主。美国中低端冷冻牛肉与其他国家进口均价相比具有价格优势，协议签订对中低品质进口牛肉量放开，预期自美国进口冷冻牛肉将会增加，使河北省进口牛肉格局将会更加多元化；低价冷冻牛肉的进口将会进一步降低牛肉加工企业的成本，对河北省同类产品的价格带来一定的冲击作用。

（二）饲料粮进口变化情况

因自美国进口豆粕、麦麸等饲料粮较少，故本部分主要就进口量较大的玉米（100590）、大豆（120190）等主要进口饲料粮的变化特征进行说明。

1. 自美饲料粮进口量由升转降趋势明显

就大豆进口量而言，2018 年之前美国是中国大豆最大的进口国。如图 10-6 所示，在 2012—2017 年美国大豆在我国进口大豆中占比较高；2018 年受增加关税的影响进口美国大豆数量减少，但仍占进口比例的 18.90%。较 2017 年减少 49%。中国大幅增加了对巴西大豆的进口。巴西大豆占 2018 年中国进口总量的 75%。

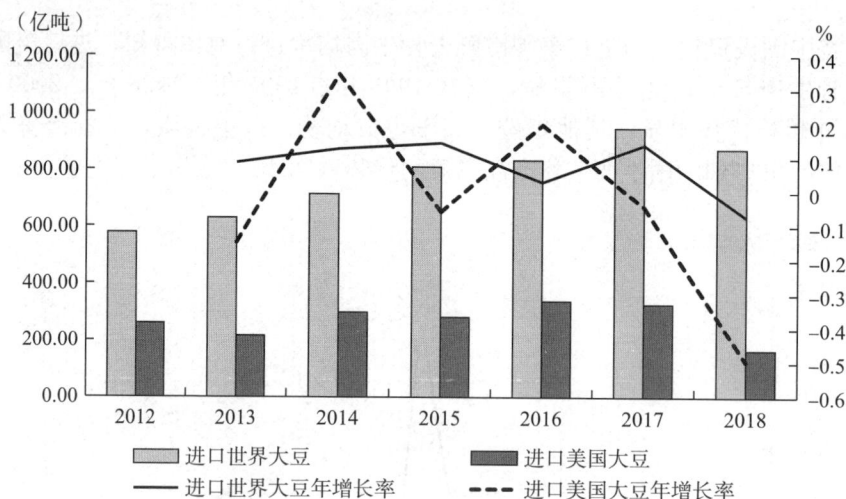

图 10-6　中国进口美国与世界大豆进口量及年增长率对比

美国曾是中国玉米进口的最主要国家。如图 10-7 所示，1997 年美国进口玉米占中国总进口量的 99.89%，2011—2013 年中国是美国玉米的前五大进口国之一，由于国内玉米产量的提高，进口逐渐减少。2017 年中国进口 1.42 亿美元的美国玉米，2019 年 1 月到 11 月期间进口美国的玉米仅为 5 285.7 万美元。

2. 进口价格较其他国家不具有竞争力

从进口玉米与大豆价格来看，进口美国大豆与玉米价格与进口其他国家并不具有价格优势，但是与国内价格相比，价格优势明显。中美贸易战加征 25% 关税后，进口美国玉米与大豆价格优势丧失。

但随着经贸新协议签订及降低关税政策的措施，中国进口美国玉米与大豆

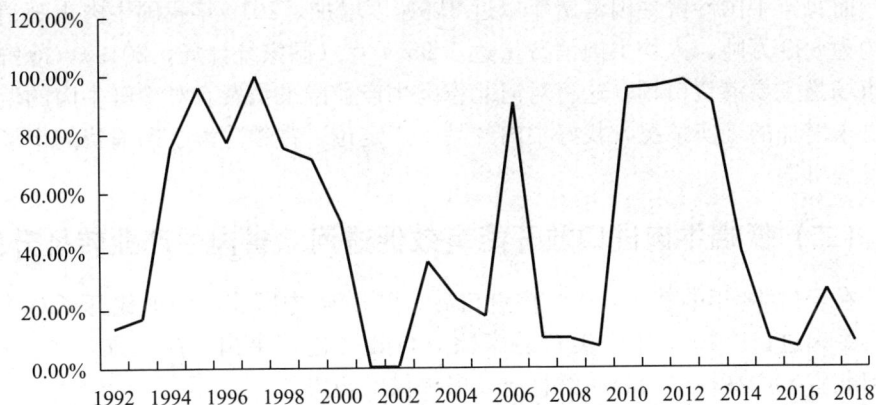

图 10-7　1992—2018 年中国进口美国玉米占进口玉米总量比

（美元/千克）

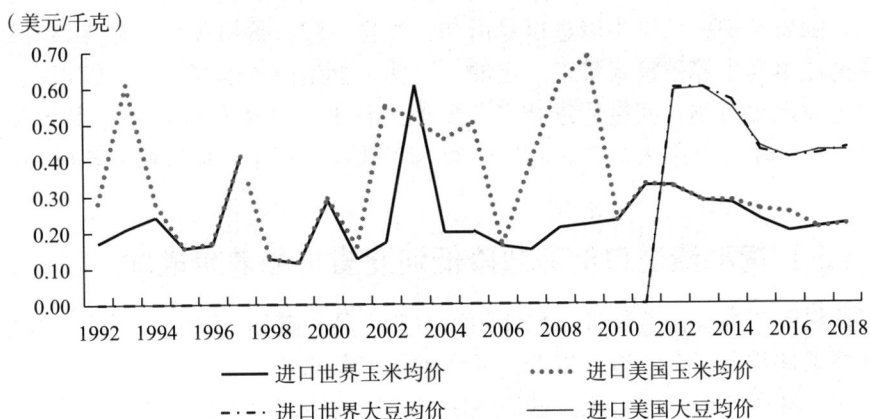

图 10-8　中国进口美国与世界饲料粮价格对比图

量将会增大，从进口量与进口价格上将对国内玉米与大豆产业造成一定的冲击，对以谷饲为主要养殖特点的河北省，预计会带来肉牛养殖成本的下降，养殖收益增加，进一步提高养殖户的积极性。中国进口美国与世界饲料粮价格对比如图 10-8 所示。

三、美国牛肉进口对河北省肉牛产业的带动效应

（一）冷鲜牛肉进口占比小有利于河北省抢占冷鲜牛肉市场

从对中国进口美国牛肉结构分析可知，变化较大的冷冻牛肉，即使新协定开始执行，由于冷鲜肉进口条件及进口费用的限制，进口冷鲜肉的数量依然占比较少，对中国冷鲜牛肉消费市场影响微乎其微。

而每年中国冷鲜牛肉消费年以近 3‰速度增加，2019 年我国牛肉表观消费量约为 833 万吨，人均牛肉消费量达 5.95 千克（国家统计局，2019），冷鲜牛肉市场是主要消费市场。这将对河北省肉牛产业瞄准消费者对冷鲜牛肉的偏好及需求增加的现实情况，找好牛肉产品生产定位，占领冷鲜牛肉消费的市场提供发展机遇。

（二）低端牛肉进口放开能有效促进河北省肉牛产业转型升级

在经过 13 年的禁止美国牛肉进口后，2015 年中国有条件地放开了对美国高端牛肉进口，2017 年中美贸易摩擦对自美国进口牛肉产品又加征了关税，给河北省生产高端牛肉制品的企业发展提供了契机。

2020 年 1 月我国放开自美国低端牛肉进口。从短期看，牛肉进口销售需要销售渠道建立，暂时对我国中低端牛肉挤出效应不明显，但不能忽略其长期影响。随着长期中低端牛肉进口量增加、关税下降，价格优势的存在势必对河北省高成本肉牛养殖模式带来一定冲击，使一批生产成本高、经营管理粗放的养殖企业退出市场，间接促进智慧养殖嵌入河北省肉牛行业，改进生产模式，提升生产效率，有很大机会在较短时间内实现弯道超车，促进河北省肉牛产业转型升级。

（三）饲料量进口能有效降低河北省肉牛养殖成本

饲料粮与牛肉是美国进口相伴相生的孪生品。美国玉米主产区的气候条件和土壤条件与我国东北地区接近，玉米质量与东北玉米相近，品质高于我国其余玉米产区所产玉米的品质。进口美国玉米量占中国总进口量的比例最高点曾为 99.87‰，自 2010 年我国玉米进口快速增长后，我国进口玉米超过 95‰来自美国。从大豆进口情况看，自 2019 年 10 月起中国对自美国进口 1 000 万吨大豆配额免关税，2019 年 12 月份中国从美国进口的大豆数量同比激增。12 月份中国从美国进口大豆 309 万吨，是上年同期的 44 倍，也高于 11 月份进口量 256 万吨（中国海关）。

2020 年中美经贸协定中提高农产品进口金额的协定，必将加大对我国需求量较大的饲料粮玉米与大豆的进口。美国玉米与大豆进口能缓解国内饲料粮紧张供给，同时其相对于国内价格优势必将能够降低饲养成本，增加养殖效益，提高养殖户养殖信心，有助于河北省肉牛产业可持续发展。

四、美国牛肉进口对河北省肉牛产业的冲击效应

2020 年 1 月 15 日中美签订经济贸易协议，基本上是全方位打开了美国

牛肉出口中国的通道，这无疑会给河北乃至中国肉牛产业发展带来一定的冲击。

（一）预期价格上的冲击

2017年前为了阻止疯牛病的国际传播，中国对美国出口牛肉进行了长达14年的禁令。直到2017年6月21日，这一禁令部分解除。当时对美国出口中国牛肉进行了包括牛龄在内的许多限制，使得出口到中国的牛肉基本上是不含激素的可单独追踪的牛只。据MIG分析，美国可以满足中国进口的牛只数量只占到美国整体肉牛产量的2%～5%，同时，由于标准较高，属于特殊牛标准，造成生产、加工以及市场销售的价格居高不下，加上这部分牛只在美国并没有非常过剩，出口意愿并不强烈，未达到市场对于美国牛肉成本和价格优势预期。因此，未给中国肉牛产业造成巨大冲击。2018年7月6日，中美贸易战开始，作为对美国贸易保护的反制措施，中国对美国进口牛肉等加征关税。这种反制象征意义色彩更浓一些。2020年1月15日，中美签订经济贸易协议，不仅取消了牛龄限制，允许"美国淘汰牛肉"及"老龄牛肉"等低端产品进入中国市场，而且，认可美国的肉牛及牛肉产品可追溯体系、激素使用及加速通关等。这些措施在短期会对河北省牛肉价造成一定影响，势必会拉低牛肉价格，但这个过程比较缓慢，而且程度较低。因为从美国进口的牛肉是冷冻牛肉，而冷冻牛肉大部分用于肉类加工，其竞争对手主要是巴西、阿根廷、乌拉圭、澳大利亚等向中国出口的国家。中美贸易达成第一阶段协议后，中国从美国进口牛肉的比例有望增加，但短期内仍难撼动前四大牛肉进口来源国地位。中国本土牛肉基本上是热鲜肉或冷鲜肉，对于本土牛肉冲击需要传导过程。从长期看，不断增长的国内牛肉需求，以及牛肉进口国的竞争性均衡，最终价格回归理性，不会造成多大影响。

（二）预期进口量对河北省养殖量的冲击

中美经济贸易协议签订，中国对美国出口牛肉条件放宽，必然导致中国从美国进口牛肉的增加，因为从美国进口的牛肉都是冷冻牛肉，冷冻牛肉多用于加工，中国加工中的冷冻牛肉90%来之进口，中美贸易达成第一阶段协议后，中国从美国进口牛肉的比例有望增加，但短期内仍难撼动巴西、阿根廷、乌拉圭、澳大利亚四大牛肉进口来源国地位。因此，直接冲击的是为冷冻牛肉提供牛源的肉牛养殖企业，这些企业被迫降低养殖量。或者牛肉加工屠宰企业减少收购省内养殖的肉牛，造成牛肉养殖行业环境恶化，最终整体上肉牛养殖量下降，但总体看，这种冲击危害有限，因为从牛肉进口数据看，2019年中国牛肉进口165.95万吨，河北省牛肉进口量为3 819.12吨，只占全国的0.23%，排在全国十八位。但从长期来看，美国进口牛肉对河北肉牛养殖量的冲击有限。因为，美国只是中国众多牛肉进口国之一，只不过在过去由于受到贸易抑制，出口量较少。中美经济贸易协议签订，使其拥有了和中国其他贸易伙伴同等的待遇。与中国其他贸易伙伴相比，美国肉牛养殖行业并不占有绝对优势，相反，在许多方面还处于劣势地位。因此，美国牛肉出口会对河北肉牛养殖造成一定冲击，但从长期看对河北肉牛养殖量的冲击有限。

（三）对中小规模养殖户的挤出效应

由于中美经济贸易协议签订，导致从美国进口牛肉的增加，对河北省肉牛产业的冲击最大的是中小养殖户，因为中小养殖户规模小，资本薄弱，往往单一经营，风险承受能力低。当进口贸易冲击，导致价格下降，经营亏损，无力承担债务时，退出肉牛养殖行业；或者被大型养殖场收购。目前河北省肉牛养殖规模化程度不高。大量中小肉牛养殖户（企业）面临新冠肺炎疫情和美国牛肉进口的双重打击，因此未来部分中小养殖户（企业）退出或被淘汰不可避免。

五、河北省肉牛产业的应对策略

针对美国肉牛远距离运输、冷冻、标准化等弱点，充分发挥河北省肉牛产业本地化、冷热鲜、可定制的优势，积极寻求河北省肉牛产业发展之策。

（一）开发本地农作物秸秆资源，降低肉牛养殖饲草料成本

河北省有着广阔的平原和肥沃的土地，种植业非常发达，秸秆资源丰富。过去农民由于无法有效处置秸秆，普遍采取焚烧方式，以便不影响来年耕种，结果造成空气污染，危害居民身体健康。近些年政府禁止农民焚烧秸秆，秸秆就成了农民种地的负产品。肉牛养殖必需一定量的饲草，才能保证牛肉质量品质。因此，深入研究开发河北省本地秸秆资源，探索不同种类肉牛适合的饲料饲草的配比和组合比例，真正实现"变废为宝"，从资源要效益。这样不仅解决了农作物秸秆处置的难题，而且还可以降低肉牛养殖成本，有一举两得之妙处。

（二）提升牛肉养殖规模化水平，增加肉牛养殖规模效益

河北省肉牛产业发展重育轻繁，表现为年末存栏量较低，年度出栏量较高。所以每年从省外大量购入架子牛育肥出售。育与繁对于规模化的要求截然相反，繁殖应该小规模，育肥应该大规模。但实际上以育肥为主的河北省

肉牛养殖规模化程度并不高。2017 年河北省年出栏数 50 头以上年出栏数占合计比重仅为 20.07％，远低于全国平均数 26.3％；年出栏数 100 头以上年出栏数占合计比重为 13.84％，低于全国的 17.7％；年出栏数 500 头以上年出栏数占合计比重为 6.38％，低于全国的 8.1％；年出栏数 1 000 头以上年出栏数占合计比重为 3.40％，低于全国的 4.4％。因此，规模化水平低，难以提升技术应用水平和管理水平，难以实现养殖专业化，无法有效降低成本，实现规模效益。因此，未来河北肉牛发展的基本方向无疑是不断提升规模化水平。

（三）提高冷链物流组织化程度，拓展牛肉消费地域空间

国内肉牛的区域优势在于鲜牛肉领域，随着居民收入水平的提升，冷鲜肉将是居民消费的首选。发展冷链物流，不仅迎合居民不断增长的消费需求，而且能够拓展牛肉的市场区域。因此应在产业下游，以集中屠宰、品牌经营、冷链冷鲜为主攻方向，推进肉牛标准化屠宰，优化牛肉及其制品结构，加快推进肉品分类分级，扩大冷鲜肉和分割肉市场占有率。鼓励企业收购、自建养殖场，延伸产业链，带动合作社、专业大户、家庭农（牧）场等经营主体，推进"龙头企业＋合作社"等经营模式，为农牧民提供资助，完善利益联结。积极探索"互联网＋"与各类肉牛养殖生产经营主体深度融合，构建多元产品流通网络，加强产加销有序连接。冷链运输是衔接冷鲜牛肉生产与流通销售的关键核心技术，鼓励河北省内品牌牛肉企业积极参与到该体系中来，充分汲取冷链运营资源，为升级冷鲜牛肉技术，扩大冷鲜牛肉市场份额，从而为增强自主牛肉品牌核心竞争力积蓄能量。

（四）创新肉牛新产业、新业态，实现牛肉消费的定制化、个性化

传统的肉牛产业发展模式越来越不能适应消费新态需求，随着居民收入水平的不断提高，消费习惯和肉牛消费倾向也在不断跟进，尤其年轻人从小养成的肉牛消费意愿远远高于中年人和老年人，这些都成了目前和将来肉牛发展的基本方向。加上当前互联网和移动通信已经深入到生产、生活的每一个角落，居民消费由过去的单纯"营养需要"向多元化方向转变。必须探索适应多元消费需求的新产业、新业态，鼓励满足特殊消费的定制化、个性化需求。探索牛肉由家庭传统菜肴转向方便、快捷型快消品的商业定位转型。同时，原有产业模式中的规模化屠宰加工厂建设转向城市街区加工分割中心；规模化食品加工厂建设转向中央厨房配送中心；由屠宰加工向连锁餐饮延伸，这些都将是新业态下肉牛屠宰加工产业的发展方向。

（五）制定财政金融等相关扶持政策，帮助中小养殖户渡过难关

受新冠肺炎疫情影响，河北省中小养殖户（或养殖企业）步履艰难，尽管国家陆续出台一些财政金融措施，估计仍有部分中小养殖户会倒闭或退出。疫情过后，紧接着面临美国牛肉进口冲击，无异于雪上加霜。鉴于河北省肉牛养殖行业中，中小养殖户比例还比较大，当前，保证它们生存下去具有重要的现实意义。因此，河北省政府应该深入调查新冠肺炎和美国牛肉进口给中小养殖户造成的冲击后果，有针对性地制定相应财政税收和金融保险政策措施，帮助中小养殖户渡过难关。同时制定相关政策，鼓励实力雄厚的大型养殖和加工企业与中小养殖户进行合并、联合和合作。逐步消除疫情和美国牛肉进口带来的不利影响。

综上所述，总体看来，中美经济贸易协议签订后，美国牛肉进口对河北省肉牛产业既有带动效应，也有冲击效应。但从长期看，由于不断增长的消费需求、河北省较低的进口贸易比例以及进口牛肉与国产牛肉产品类别差异等因素，美国牛肉进口对河北牛肉产业影响有限。因此，河北肉牛产业不必恐慌，应该立足自身优势，做大做强才是根本。

专题十一：新冠肺炎疫情后河北省肉牛产业复工复产问题分析及对策建议

新冠肺炎疫情逐渐稳定，为全面了解疫情后期河北省肉牛产业复工复产遇到的问题，近日省肉牛产业技术体系创新团队采用网络问卷方式，对全省66家肉牛养殖企业和10家屠宰加工企业进行了问卷调研，并依次提出了推进河北省牛肉产业复工复产的对策建议。

一、疫情后期肉牛产业复工复产面临的主要问题

（一）复工复产成本全面上升

首先，饲料价格居于历史高位：市场统计显示，疫情以来主要养殖饲料玉米、豆粕价格分别上涨了2.9％和7.2％。调查中有76％的养殖场因饲料短缺需大量补充饲料，但是有81.82％的养殖场认为当前饲料饲草价格上涨是造成复工复产成本上升的首要原因。其次，犊牛育肥牛价格普遍上涨：购买牛犊与架子牛是肉牛养殖的另一重要成本，受运输不畅、交通管制等因素影响，问卷结果显示有77.27％的养殖场和70％的加工厂认为犊牛等价格普遍上涨已经对复工复产带来了不利影响。再有，招工难与用工贵现象并存：随着疫情逐步稳定，招工荒问题得到了缓解，但是仍有三分之一的养殖场面临复工用工不足。与此同时，一半以上的养殖场面临复工后工资上调的成本压力，尤其是以母牛繁育为主的养殖场，其特殊性决定了对养殖人员素质要求较高，所以相较于其他养殖种类，其招工难与用工贵的问题尤为突出。

（二）复工复产初期"买卖"两难状况尚未缓解

一方面，70％被调查养殖场的主要销售渠道是传统的肉牛收购商和肉牛经纪人。65％的养殖场的主要销售区域为省外及京津市场，复工复产初期鉴于人员到岗不足与购销信息不畅，使得传统、远距离交易尚未完全恢复，有一半养

殖场面临"卖牛难"问题。另一方面，受产业链前端生产成本上升和交通运输不畅的影响，屠宰加工企业缺少购入牛源且进货成本高昂，导致复工开工不足，资源闲置，出现"买牛难"问题。再有，加工企业主要通过超市、集贸市场等传统渠道对接终端消费市场，疫情期间传统销售渠道严重受阻，复工复产后尚未通畅，40％的加工厂销售量下滑，30％出现了库存积压问题，"卖肉难"问题比较突出。

（三）复工复产资金紧张，融资困难

调查显示 90％的养殖场都有偿还贷款的经营负担，再加上养殖加工成本上升，复工复产初期约有 64％的养殖场和 80％的加工企业存在不同程度的资金短缺、周转不灵等问题，其中 9％的养殖场已经无法偿还贷款面临支付违约金的困境。

（四）标准化养殖比较困难

参与调查的 66 家养殖场中有 39 家是标准化养殖场，有 75.76％的养殖场认为标准化养殖成本较高，主要体现在设备投资与更新成本和人工及培训成本较高。51.52％认为政府扶持力度不大，36.36％认为标准化养殖投资金额较高、投资风险大。

（五）产品竞争力弱，拓宽销售渠道困难

10 家屠宰加工企业中只有 3 家生产精深加工牛肉制品，其余企业只生产初级加工牛肉制品，产品结构单一，不能够满足多元化的市场需求。有 6 家注册了品牌商标，但是其中 2 家认为并未产生品牌效应。疫情催生了多种线上营销模式，传统模式消费者在转向线上购买时，往往更看重产品质量安全和品牌效应。复工复产后本地养殖加工企业面临线下销售受阻、线上竞争力较弱的双重困境。

（六）疫情后复工复产信心不足

虽然大部分养殖场和加工企业已经实现复工复产，但是调查显示约有 10％的企业受疫情影响严重，认为政府扶持力度较弱，养殖业风险较大，表示要考虑是否继续经营的问题。只有 30％的养殖场看好未来收益，有坚定的经营信心。

二、推进肉牛产业复工复产的对策建议

（一）多措并举，稳定复工成本

首先加快消除运输与用工等方面的问题，恢复肉牛养殖业正常生产经营秩

序，保障犊牛育肥牛运输与饲料等生产物资供应的通畅，着力解决饲料、兽药等上下游关联企业的复工生产，满足饲料和原材料的持续供应与价格稳定。其次要依托省肉牛产业技术体系优势，指导养殖场调整饲料配方，选择经济可行的饲料替代品，降低经营成本，促进实现饲料配方多元化。再有政府相关部门及产业创新团队可加强对养殖加工企业用工人员的技术培训，提高劳动供给数量和用工质量，通过提高养殖收益的方式弥补成本提高的不利影响。

（二）加快创新购销渠道

由政府相关部门、行业协会牵头组织开展线上营销学习活动，推动宣传创新销售渠道的重要性与必要性。鼓励开拓多种营销渠道，充分利用淘宝、京东、抖音等现有平台，推广牛肉产品线上销售，利用微信进社区团购销售。搭建"电商交易＋大数据运用＋供应链金融服务"肉牛产业互联网平台，汇集全省肉牛养殖加工销售信息，致力解决供需信息对接，提高信息匹配效率。这样既可以打通活牛购销渠道，降低采购成本，为屠宰加工企业提供牛源，解决区域性供需矛盾；又可以实现牛肉产品来源可追溯，肉质安全得到保障，有利于培育河北省牛肉知名品牌。

（三）精准金融服务，推动复工复产

第一，面向省内养殖和加工企业，结合本地实情创新授信模式，为企业提供专项信贷额度；第二，针对复工复产企业现有贷款，加大贷款展期、续贷力度，解决还贷企业燃眉之急；第三，出台适宜的减免利息政策，保障复工复产企业资金链畅通，降低企业融资成本；第四，扩大肉牛养殖保险补贴政策覆盖面，提高散养户和中小型养殖主体的风险应对能力，坚定养殖信心。

（四）加速供给侧"差异化"改革

第一，复工复产企业需针对不同等级的消费市场重新进行产业链结构调整和升级，采用严格的食品质量安全追溯系统，推行标准化养殖及加工，以提高河北省肉牛产品质量水平，进而提高产品市场竞争力；第二，对接餐桌进行精细化分割加工，增强服务意识，提高副产物加工增值，最终提高行业利润；第三，利用线上销售契机，唱响产品特色，打造本省肉牛品牌。

（五）构建河北省肉牛生产应急防控体系

建立应急运输保障绿色通道管理制度，健全重大疫病防控与应急储备体系，完善牛肉价格监测预警体系，推进信息发布平台建设，提高肉牛产业的风险应对能力，增强复工复产企业的经营信心。

图书在版编目（CIP）数据

河北省肉牛产业经济研究：2019—2020 年 / 赵慧峰
等著 . —北京：中国农业出版社，2021.12
　　ISBN 978-7-109-28975-8

　　Ⅰ . ①河… Ⅱ . ①赵… Ⅲ . ①肉牛－养牛业－产业发
展－研究报告－河北－2019—2020 Ⅳ . ①F326.33

中国版本图书馆 CIP 数据核字（2021）第255754号

中国农业出版社出版
地址：北京市朝阳区麦子店街 18 号楼
邮编：100125
责任编辑：王秀田　　文字编辑：张楚翘
版式设计：王　晨　　责任校对：吴丽婷
印刷：北京通州皇家印刷厂
版次：2021 年 12 月第 1 版
印次：2021 年 12 月北京第 1 次印刷
发行：新华书店北京发行所
开本：700mm×1000mm 1/16
印张：12
字数：220 千字
定价：68.00 元
